U0273404

.AI

2020年人工知能時代 僕たちの幸せな働き方

2020年
人工智能时代

我们幸福的工作方式

[日] 藤野贵教 著　　崔海明 译

机械工业出版社
CHINA MACHINE PRESS

AI将夺走我们的工作！

随着AI的进步，其未来将对人类产生威胁！

AI将超越人类！

类似上述的话题，在报纸和杂志上随处可见，甚是热闹。

对于此类说法，您或是焦虑，或是不安，茫然不知所措。

本书作者作为研究工作方式的知名专家，介绍了AI时代幸福的工作方式，详解了有尊严工作的本质和对未来工作的启示。

Original Japanese title: 2020 NEN JINKOUCHINOU JIDAI BOKUTACHI NO SHIAWASE NA HATARAKIKATA

Text Copyright © 2017 Takanori Fujino

Original Japanese edition published by Kanki Publishing Inc. Simplified Chinese translation rights arranged with Kanki Publishing Inc through The English Agency(Japan)Ltd. and Eric Yang Agency.

本书由Kanki　Publishing　Inc授权机械工业出版社在中华人民共和国境内（不包括香港、澳门特别行政区及台湾地区）出版与发行。未经许可的出口，视为违反著作权法，将受法律制裁。

北京市版权局著作权合同登记　图字：01-2018-1205号。

图书在版编目（CIP）数据

2020年人工智能时代：我们幸福的工作方式 /（日）藤野贵教著；崔海明译 . —北京：机械工业出版社，2018.7

ISBN 978-7-111-59934-0

Ⅰ.①2…　Ⅱ.①藤…②崔…　Ⅲ.①人工智能 – 研究 Ⅳ.① TP18

中国版本图书馆 CIP 数据核字（2018）第 100395 号

机械工业出版社（北京市百万庄大街 22 号　邮政编码 100037）
策划编辑：刘星宁　责任编辑：刘星宁
责任校对：王　欣　封面设计：马精明
责任印制：常天培
北京圣夫亚美印刷有限公司印刷
2018 年 7 月第 1 版第 1 次印刷
148mm×210mm · 5.25 印张 · 3 插页 · 109 千字
0001— 5000 册
标准书号：ISBN 978-7-111-59934-0
定价：45.00 元

凡购本书，如有缺页、倒页、脱页，由本社发行部调换
电话服务　　　　　　　　　　网络服务
服务咨询热线：010-88361066　机工官网：www.cmpbook.com
读者购书热线：010-68326294　机工官博：weibo.com/cmp1952
　　　　　　　010-88379203　金书网：www.golden-book.com
封面无防伪标均为盗版　　　　教育服务网：www.cmpedu.com

前 言

最近，在报纸和网站上，每天都能看到关于"人工智能（AI）"的报道和讨论，书店里也摆放着许多有关AI的书籍和杂志。但是，几乎所有的图书都是用专业语言写的，很多人都说："虽然读过了，但还是不太明白！"

而且，许多杂志都以特集形式进行报道和讨论，大肆渲染"AI进化会威胁人类未来"的论调，煽动不安情绪。面对现实，我们不但要知道未来，更要知道现在我们应该如何应对，做好哪些准备？有关这方面的内容却不多见，想想总有些欠缺的感觉。

作为本书的作者，我不是科技方面的专家，而是研究工作方式的专家。2007年，我创办了"幸福工作研究所"，转眼已经有10年了。作为企业的培训讲师、组织开发和人才培养方面的顾问，一直在研究我们如何才能幸福工作的课题。到了2015年，研究课题增加了新的内容——"随着AI的进化，工作方式将发生怎样的改变？工作又会发生怎样的改变？"

说实话，我只是一个教育学部毕业的文科生，一直认为科技方面的问题与我毫不相干。现在看来不是那么回事儿，随着AI的进化，对于我、对于您、对于所有人来说，工作、工作方式、生活方式都会发生极大的改变，会影响到我们的方方面面。

举一个很快就会实现的简单例子，是关于提高会议效率的技术。搭载了 AI 的计算机，可以通过声音识别功能将参会者所说的话自动整理出会议记录。甚至还能分析会议内容，做出一些提示，如："这件事情似乎还没有结论，是不是进一步讨论一下为好！"等等。

这项技术已经在某省厅开始试运行，相信离引入企业应用的日子不会太远了。如此一来，整理会议记录的事情，也会变得很有乐趣了。

在捕鱼业，也已经开始应用了一项很有趣的技术。渔船上装备的鱼群探测仪（声呐探测）上搭载了 AI，它可以识别声呐图像，提示渔夫："这好像是金枪鱼群""这好像是乌贼鱼群"等等，捕鱼变得更有趣、更容易了。

AI使得我们的工作变得更有趣

人与AI的合作，可以改变世界

曾经的便利和快乐，是由某些不知名者的辛劳换来的
例如：亚马逊订单→当天到达→仰仗运输公司的全力运送
这就是正负相加等于零的世界

20世纪	21世纪

◆ 21世纪，一部分辛劳由AI来代替

以前，只有经验丰富的老渔夫，才能通过长年积累的经验和特殊的感觉感知鱼群的存在，这项技术使得刚刚下海的年轻渔夫也能很容易感知鱼群的存在。目前，日本渔业的老龄化问题很严重，10 年以后，也许不会有人从事渔业了，日本的饮食文化面临着很大的危机。AI 的出现，也许会给渔业带来新的希望。

渔夫的工作变得更有趣了，许多年轻人如果逐渐变得愿意从事渔业，那将是多么令人振奋的一件事情啊！

至今，许多技术的进化，给我们的生活带来了无数的欢乐。

例如，在亚马逊下订单，市区内最快可以在 1 小时之内就把所订商品送到家。即使不走出家门一步，单靠一个按键就可以使东西送到家，世上还有比这更快乐的事情吗？

不过，这种快乐是靠运输公司付出极大的辛劳才换来的。我的快乐➕是建立在他人的辛劳➖之上的。不知不觉形成的这种社会运转机制，很有可能随着 AI 的进步发生巨大的改变。

一直由人从事的工作，逐渐被 AI 替代。这种变化不仅意味着 AI 会夺走人的工作，也会使我们的工作更加充满快乐。到了那时，人们会寻找到新的乐趣，享受更加丰富多彩的生活。

是的，一定会是那样的，AI 不仅会使我们的工作变得更加快乐，也会使我们的人生变得更加快乐。

作者从 2015 年开始学习科技知识，通过企业培训和各种演讲，先后向 1 万多人讲述了 AI 时代幸福的工作方式，鼓励人们乐观应对 AI 时代的到来。

2016 年 11 月，作者来到了世界上 IT 技术最先进的地方——硅谷，面向高中生和大学生开办了"我们在 AI 时代需要具备的能力"的讲习班。在讲习班上，通过和许许多多学生的交流，得到了很多启发。

到了 2020 年，AI 将进入我们生活的方方面面，本书在讲习班的基础上，尽量用非专业语言、大家易于理解的案例，讲述我们应该如何改变工作方式，我们应该具备哪些能力和技能。至于为何是 2020 年，将在第 1 章详细说明。

本书共由 5 章构成。

第 1 章：通过我们身边最尖端的技术事例，讲述了目前 AI 技术的实际状况。

第 2 章：针对如何改变我们的工作、适应 AI 时代的问题，分为①营销和接待系统、②制造系统、③技术系统、④事务和管理系统，具体进行讲述。

与其预测不确定的 10 年后的未来，还不如弄懂眼前 AI 带来的工作变化。如果能够对我们的工作方式有所启发，那将是再好不过的事情了。

第 3 章：讲述了 AI 时代管理者必须具备的能力。

根据自己的实际研究经历，介绍了一个合格的组织管理者，应该如何脱离 20 世纪的工作方式、转变为与科技合作互动的组织管理者。

第 4 章：通过一些实际案例，启示人们在 AI 时代，如何实现自己的理想，幸福快乐地工作。

超越艺人领域，自由自在生活的西野亮广先生；率领异色研究者集团（Leave a nest）的丸幸弘先生；一个人在冈山县的深山老林里捕捉大虎头蜂和野猪的捕蜂师热田安武先生。他们都有一个共同的特点，那就是：做自己想做的事情，率真地生活。工作方式也是生活方式，我们应该从他们那里得到一些人生感悟。

第 5 章：是本书的总结，作为一个堂堂正正的人，我们应该如何幸福地工作、如何快乐地生活，讲述了自己的一些想法。

科技的进化是无止境的，伴随时代的变化，我们应该如何幸福快乐地工作呢？让我们共同思考吧！

作者简介 ❗

藤野贵教

◉——株式会社幸福工作研究所董事长；工作风格创造者；组织开发、人才培养顾问；GLOBIS 经营大学院 MBA（成绩优秀结业者）；人工智能学会会员。

◉——曾在外资咨询公司、人事咨询公司工作。后来到东证创业板上市的 IT 企业工作，历经人事招聘、组织激活、新型事业开发、营销经理等工作。2007 年，创立了株式会社幸福工作研究所。以"中性的方法"为基础，帮助企业创建"工作是快乐的！"的员工团队。2015 年至今的研究课题是："AI 的进化与工作方式的变化"。培训和研讨会听讲者达到 1 万多人。

◉——2006 年，27 岁时离开东京，移居到爱知县的乡村抚养孩子。从家里到海边需要步行 5 分钟、到工作地点有 1 个半小时的路程。爱好是立式单桨冲浪和田园生活。

◉——作为研究工作方式的专家，写作本书的目的是希望在 AI 不断进化的过程中，对于思考"人类应该如何幸福地工作""如何快乐生活"等问题有所启示。

目 录

第 2 章
每个人都应该做出怎样的进化？ / 027

第 5 章
彻底探究人类的强项 / 145

第1章
人工智能技术进化的现状

迄今为止，AI（人工智能）能做的是什么呢？AI 的机制是什么呢？让我们首先从了解 AI 的基础知识开始吧！同时，介绍一些网上也能看到的最新事例。我们也可以拿起智能手机搜索阅读这些有趣的内容。

首先，让我们了解一下什么是 AI？

快的话，2017 年就会开始贩卖搭载有 AI 的智能家电产品，介绍新产品的电视广告也会铺天盖地出现。只是我的随意预测而已，或许是绫濑遥，或许是新垣结衣，会出现在电视广告上，大声说："搭载了 AI 的冰箱来了！说不定比我还聪明啊！"

见到了广告的家庭主妇会说："孩子他爸！冰箱搭载 AI 了，周末到山田电机去看看啊！"

如此一来，AI 就会转眼间走近我们的生活，随之而来，也会影响到我们的工作和生活。即使您认为与您的工作没有什么关系，公司的领导也许会下达"我们公司也要积极引入 AI！"的指令，越来越多的客户也会不断地询问："贵公司应用 AI 了吗？"所以，如果我们能够事先了解一下 AI，就能多少走在时代的前头。

那么，您对 AI 的学习已经达到了怎样的水平呢？

如今，人们对科技信息的了解，差距越来越大了，大致可以分为非常了解和完全不了解两大类人群。

21 世纪上半叶，商务上最重要的关键词将是科技。对科技的不了解，将直接反应到企业的竞争力水平上，甚至于关系到个人收入的差距上。

为此，我们还是有必要了解一下科技，这是必须要走的第一步。

什么是搭载 AI 的家电？

所谓搭载了 AI 的冰箱，到底有什么奥妙呢？

举个例子，冰箱里安装了小小的摄像机，那上面搭载了 AI，它可以识别冰箱中的食品，可以自动判断出有几个圆葱、卷心菜似乎稍微有点腐烂，等等。

而且，冰箱还可以给您提出如下建议："您的冰箱里有猪肉和青椒，如果再有牡蛎酱，就可以做青椒肉丝了！"不用搜索料理菜谱网站——cookpad 查看菜谱，也可以利用剩余的食材做出可口的菜了，因为您有了一个很好的顾问——AI。

另外，到超市买东西时，经常会发生这样的事情："哎呦！家里有没有蛋黄酱了呢？"一时想不起来。不过没问题，这类问题 AI 很容易就能解决了。因为冰箱连接了网络，称作 IoT（物联网，Internet of Things），所以只要和冰箱说话，冰箱就可以马上在网上超市下订单购买蛋黄酱，大大方便了人们。

那么，这种搭载了 AI 的冰箱，您可以接受的价格是多少呢？目前最新型家用冰箱的价格大致是 25 万日元，如果是 2 倍的价格——50 万日元，您会购买吗？说实话，那样高的价格，我是不会买的。如果只是高 5 万日元，也许会挑战试试。各位读者恐怕也是怀有同样的想法吧！

我想大家或许会这样想："只是会建议菜谱的水准吗？因为是搭载了 AI，原以为能做更多了不起的事情，不过如此而已，还是算了吧！"

是的，AI 虽然取得了很大的进步，能做的事情还是很少。不过，具有能够自动识别圆葱的功能，也可以说是很了不起的进步了。

AI 为什么得到了急速的进化？

冰箱能够自动识别出圆葱、卷心菜等食材了，促成 AI 能够进化到如此水准的是"深度学习"技术。

解释深度学习这一概念时，常常是以解析猫的细分图像为例，估计多数人听后懵懵懂懂、不知所云。所以，这里简单地用一句话概括："所谓深度学习，就是机器长了眼睛。"

实际上，AI 能够进化到如此聪明的水准，是因为人类一点一滴地教会了它各种知识，称为规则库。以圆葱为例，圆葱的特征是圆状、茶色、有纵向纹线、上方略尖等等，人需要事先将这些规则编程告知计算机——这样的就是圆葱，让其理解。

但是，到了 2012—2014 年，随着深度学习这一技术的出现，使得 AI 取得了突破性的进步。

人们不用一一教导计算机圆葱的外观特征，而是让计算机看到大量的圆葱图像，使其以后再次看到具有这类特征的图像时，自动产生是"圆葱的可能性高"的想法，自动加以识别。

完全类似于小孩子看到云和鸭子后的记忆方式，计算机看到图像后可以自动记忆识别。正是由于深度学习技术的出现，AI 迅速聪明了起来。

AI 的培养方式

这里需要指出的重要一点是，AI 只懂得学习过的东西。正是由于 AI 观察学习了大量的圆葱图像，以后即使看到了以前没有见过的圆葱图像时，也会做出"啊……这个是圆葱的可能性很大！"

的判断，如果是没有学习过的东西，它就会说："这是个什么玩意儿啊？我不知道！"所以，并不是说计算机突然间变得神通广大、什么都能知道了。

关于这一点，由于许多人多少有些误解，让我结合图例（引自远藤太郎的演讲资料）加以详细说明吧！如果理解了这张图，也就达到了基本上能够理解 AI 的水准。

AI的培养方式
1. 看输入和输出的图例进行学习

2. 通过学习，学习时没见过的也能识别！

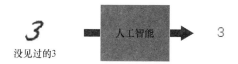

这里请将 AI 看成是没有任何图像、只显示黑色画面的箱子即可，如果不教它知识，它只是一个什么都不懂的箱子而已。

下面介绍一下教会 AI 识别手写数字的方法！

如图所示，通过让 AI 大量认识输入前手写的数字与输出后的正确答案，使得 AI 学习识别大量的图案。如此一来，以后即使看到没有见过的手写数字，也可以根据以前学习过的数字，做出"3的可能性高"的判断。

这些培养 AI 使用的数据，被称为"教师数据"。高质量的教师数据可以培养出聪明的 AI，低质量教师数据培养出的 AI，根本就无法使用。为了培养出聪明的 AI，具有高质量的数据是非常重要的。

如同养育肥牛一样，只有让其食用高质量的草，才能养育出高质量的牛肉（当然，牛自身所属的品种固然也很重要）。如果精心饲养，牛就会健康成长，人所要做的最重要的事情，就是认真研究给牛食用什么样的饲料。

图像数据就相当于牛的饲料，将搜索到的这些大量图像数据提供给 AI 学习，也是 Google 和 Facebook 等公司的网上服务项目之一。学习了网上庞大图像数据和大量 ImageNet（一个计算机视觉系统识别项目的名称，是目前世界上图像识别最大的数据库，由美国斯坦福大学的计算机科学家，模拟人类的识别系统建立）图像数据的 AI，图像识别精度已经超过了人类。

例如，请看下面的图像（ImageNet 提供的图像），您能看出是什么吗？

地面上有一个坑，似乎有蒸汽上升。我观察后觉得是一个露天温泉浴场，AI 识别以后给出的答案却是"间歇泉"，因为有灌木丛似的蒸汽从地面喷出，作为人，我未能正确识别。AI 由于学习了大量的图像数据，却能够正确识别，看来 AI 的识别能力已经超过了我的水准。

GT:间歇泉　　3:沙洲
1:间歇泉　　4:防波堤
2:火山　　　5:棱皮龟

下面的文章，是 AI 看了我的演讲后，描述了当时的情形。

"一些人坐在放有笔记本电脑的类似客厅的地方，这些人脸上流露出温顺老实的表情。"实际的讲演情形是大家时不时发出了笑声，气氛很欢快！AI 似乎认为大家表情木讷、不够活跃。感觉有点像拍戏时被 AI 否决、需要重拍时的感受。

AI 越来越变得聪明了。值得再次强调的重要事项是，为了培养出能够帮助我们工作的聪明的 AI，我们必须准备好高质量的数据，供 AI 学习。

在 AI 时代，我们大家不仅要研发 AI 本身，更重要的是灵活应用 AI，开发出更多的 AI 服务功能。为此，有必要了解一下 AI 的基本机制。

生成图像说明文章　　https://www.captionbot.ai/

一些人坐在放有笔记本电脑的类似客厅的地方，这些人脸上流露出温顺老实的表情😊😊

AI 时代工作方式的三大步骤——了解、使用、创造

通过以上介绍，我们对 AI 开始有了初步的认识。

关于 AI 时代的工作方式，我们需要做的有三大步骤。

首先是了解，其次是使用，最后是创造。重要的是要按照这三大步骤逐步升级、持续走下去。

我在担任培训讲师和能力开发顾问的过程中，每天都要在人前讲话。随着与人接触的增多，深感非常了解科技的人群与几乎不了解科技的人群相比，掌握科技知识的差距越来越大。

即使是工作业绩显著、能力突出的人，如果涉及最新的科技信息，也会有许多人发出惊叹："进化到那么高的水准了呀！"认为出乎想象。

每次演讲开始时，我都要先提一个问题，即："大家知道 LINE 的女高中生 AI——琳娜吗？"（LINE 由韩国互联网集团 NHN 的日本子公司 NHN Japan 推出，虽然是一个起步较晚的通信应用，2011 年 6 月才正式推向市场，但全球注册用户已超过 4 亿），琳娜是搭载了微软日本公司 AI 的女高中生角色，在 LINE 上，谁都可以和她成为朋友，随便聊天。与她聊天，感觉真的是在和一个女高中生聊天交谈，是一个十分有趣的服务项目。

我提问的对象包括高中生、求职中的大学生、年轻的社会人、管理人员、家庭主妇等，知道琳娜的人在 20%～30% 之间。

接下来提问的问题是："知道琳娜的人中，有谁真的使用过？"结果，使用过的人只占 10%，大部分的人虽然知道琳娜，但是却没有与她交流过。

这就叫"使用壁垒"。

"怎么样？大家在培训的休息时间，或者是培训时间也没有关系，用 LINE 的朋友搜索到琳娜，与她交流体验一下如何？如果不体验一下，就无法加深对 AI 的理解。"我这样一说，有的人果然一边听讲，一边立即掏出手机开始搜索。这种人可以说一下子就突破了"了解→使用"的壁垒。

但是，很多人直到培训结束也没有与琳娜交上朋友，也忘记了使用琳娜，就那样又回到了日常的工作之中。这种人就这样停留在了"使用壁垒"之前，真是太可惜了！

AI时代工作方式的三大步骤

❶ 突破了解的壁垒
您知道 LINE 的
女高中生AI——
琳娜吗?

③ 创 造

❷ 突破使用的壁垒
您与琳娜实际交流过吗?

② 使 用

❸ 突破创造的壁垒
请使用LINE的API(应用程序接口),
建立聊天室吧!

① 了 解

所以,请您马上合上书,掏出手机,体验一下与琳娜聊天的感觉吧!与 AI 会话的亲身体验,一定会加深您对本书的理解。在 LINE 的朋友搜索画面输入琳娜,琳娜就会出现。

顺便说一个有趣的事例:培训中间休息时,一位全职妈妈告诉我,她中学三年级的儿子,正在利用琳娜练习向心仪的女孩表白。真是很有实战意义的使用方法啊!(笑)

当您使用了 AI 以后,就会减轻对 AI 的不安或恐惧

且说,您与琳娜聊天以后,有何感想呢?有人会认为"太棒了!",有人会认为"没什么不得了的"。是的,因人而异,感想会有所不同,都很正常。

实际使用过 AI 以后,对于 AI 能做什么、不能做什么,会有一个大致的了解。通过亲身体验,也会打消对 AI 漠然的不安和恐惧。说一些过激的话也没什么关系,可以说各种各样的话试试,

看看她到底会如何应对。

大概有两年了，我对琳娜一直有一个"定点观测"的提问。

刚开始，琳娜的回答相对单一，随着时间的推移，回答的方式逐渐增多。可能是因为很多人问同样的问题，使得琳娜通过学习获得了提高的缘故。

写这本书的时候，有一次和琳娜进行了对话，"喂！喂！"当我向她打招呼时，琳娜回答说："最近再没有听到过激的问话了，这样的藤野先生太棒了！"

琳娜终于学会了人所具备的个性的东西，厉害啊！

上述事例就是 AI 典型的进化模式，在人们不断使用 AI 的过程中，AI 积累了大量的数据，变得越来越聪明了。

为什么银行融资人员的工作会被替代？

即使不知道琳娜的事情，看到"10 年后将被计算机替代的工作名录"后，几乎所有的人都回答说知道这个事情。

2013 年，牛津大学副教授迈克尔·A. 奥斯本发表了题为"雇佣的未来"的论文，论文发表以后，立即给全世界带来了很大的震撼。

10年后将被计算机替代的工作名录

- 银行融资人员
- 餐厅向导
- 电话接线员
- 赌场发牌员
- 信用卡申请者的调查批准工作人员
- 酒店接待人员
- 钟表修理工
- 数据输入人员
- 簿记、会计、审计人员
- 拜访销售人员
- 杀虫剂的混配、播酒技术人员
- 园林绿化、用地管理人员
- 涂装工、贴壁纸工

- 体育裁判
- 保险审查员
- 工资、福利负责人
- 美甲师
- 娱乐设施的向导和检票人员
- 电话销售员
- 税务申报书代理人
- 雕刻师
- 放映工程师
- 金融部门信贷分析师
- 测量技术人员
- 施工机械操作员
- 路边卖报、露天商人

- 不动产经纪人
- 动物饲养员
- 收银员、筹款人
- 从事检查、分类、样品采集、测定的工作人员
- 裁缝（手工缝制）
- 图书馆员助理
- 投诉处理、调查人员
- 照相机、摄影器材修理工
- 眼镜、隐形眼镜的技术人员
- 地图制作技术人员
- 假牙制作技术人员
- 律师助理、律师助手

但是，如果问道："为什么银行融资人员的工作会被 AI 夺走？""什么样的科技会夺走人们的工作？"几乎所有的人都答不上来。"这样的工作似乎会消失吧……"大部分的人想法仅此而已。

通过学习科技，我们就可以突破这个认识壁垒。让我们一边阅读下文，一边进行思考。

银行融资人员的工作之一就是信贷，即对于来到窗口申请贷款的人，要进行调查判断，确定是否适宜给予贷款。

让我们想象一下这个工作被科技替代后的情形。想象有一个类似 ATM 的机器吧！想要借钱的您来到了机器前，说到："请贷给我 20 万日元吧！"结果，几秒钟以后，20 万日元就出来了；当然，也有可能回答您说："您的融资申请有点儿为难！"

那么，它到底搭载了怎样的科技呢？

知道吗？线索在于您的脸。对于突然来到机器面前的您来说，或许是已经使用过这个机器的人吧？

是的，就是人脸识别技术。现在的照相机摄像精度极高，从宇宙飞行的人造卫星上都可以拍摄到房屋内的图像。不过，即使照相机的摄像精度再高，如果没有能够识别那张人脸是 ×× 先生的功能的话，还是无法识别出这张人脸是张三还是李四。

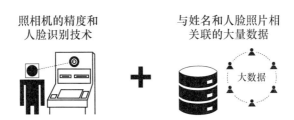

是什么样的科技代替人行使各种业务呢？
例如银行融资人员的信贷业务

照相机的精度和
人脸识别技术

与姓名和人脸照片相
关联的大量数据

大数据

我们的思维不能仅仅停留在"工作将被AI夺走"上，要深入理解是什么样的技术、通过什么样的机制，成就了工作的替代，要能用自己的语言描述出来

那是什么技术呢？实际上在第 1 章已经有所启示。

网上存储了大量的人脸数据，如果其中也有您的人脸数据的话，AI 就可以识别出这张人脸不是 A，也不是 B，就是您本人。

在 Facebook 上传照片时，大家都有过"这是 × × 先生吗？"的自动标记建议吧？那就是人脸识别的 AI。实际上刚开始时，自动标记功能的性能并不怎么样，随着很多人指出那张照片不是那个人的，是 × × 先生的，使得 AI 重新标记。在这个过程中，AI 得到了学习提高，逐渐变得聪明起来了。

Facebook 是存储了最多的"人脸照片 + 姓名"数据的公司之一。据此，Airbnb 等公司，已经利用 Facebook 的信息提供了网上本人确认服务。不远的将来，也许可以在 Facebook 的账户上借到钱了。

当然，准确无误的人脸识别单靠照片还是不够的，还需要有脸面凸凹等三维信息数据。所以，依赖 Facebok 的照片，眼下还无法开展信贷业务。

读到这里，您是否已经产生了如下想法：将来如果将照相机与"人脸 × 姓名数据"结合起来，也许可以部分代替银行信贷人员的工作。

我们的思维不能仅仅停留在"工作将被 AI 夺走"上，要深入理解是什么样的技术、通过什么样的机制，成就了工作的替换，必须要用自己的语言描述出来，这一点非常重要。

银行融资人员的工作不是消失了，而是发生了变化。所有的工作都会随着科技的进步而发生变化。预测未来的变化，主动改变工作方式和工作内容，将是您在 AI 时代生存下去的重要力量源泉。

技术奇点

在大量刊载"AI 将会夺走人的工作"的报道的同时，被大肆渲染的一个词就是技术奇点。

根据美国学者雷·库兹韦尔提出的观点：2035 年，AI 将超越一个人的智慧，其后 10 年，也就是到了 2045 年，AI 将超越全人类的智慧。

技术奇点是否会真的到来，AI 研究者的观点也是有分歧的。一派是否定派，认为根据目前的 AI 现状，20 年后的 AI 是无法进化到那样程度的；另一派是肯定派，认为 AI 今后可以一口气进化下去，技术奇点或许来得更早。

我刚开始学习 AI 时，曾经是肯定派，随着学习的深入，感觉 2035 年还是有点勉强，产生了怀疑的想法。

未来的事情，谁都无法预测，最近反而变得不太关心了。对于无法预测的未来，怀有"如果将来 AI 凌驾于人类之上控制世界，我们应该怎么办呢？"的想法，茫然不安，也是没有什么意义的。

为什么呢？因为对于我们来说，当前最重要的事情是研究改变眼前的工作，使其不断进化，以适应 AI 时代的发展。所以，我们还是应该多关注这方面的事情，在这方面多花一些时间进行讨论和学习。

根据过去的变化预测未来的走向

我们无法知道未来的事情，但可以根据过去的变化预测未来的走向。还是让我们回顾一下最近 20 年来科技的变化历程吧！下面的文章和图，引自风险投资家孙泰藏先生（软银集团创始人孙正义先生的弟弟）在我参加的学习会上的演讲。

1995 年，很多人已经开始使用互联网了。那时，我还是一个高中生，感觉互联网或许是一个了不起的东西，但与我还没有什么关系。

但是，到了 7 年后的 2002 年，那时我刚刚参加工作，社会已经变成了不使用互联网就无法工作的地步。这期间，一些预感互联网将会改变世界的人，投资兴办了许多 IT 业务，从而改变了世界。

到了 2002 年，宽带已经普及，大量的数据可以在网上相互传输。由此产生了 YouTube 和 Facebook 服务。

当时，我对向网络空间（称为云）上传视频还不太理解。过了 5 年，用 YouTube 看视频已经成了理所当然的事情了，在 Web 上上传照片也已经习以为常了。

根据过去的变化预测未来的走向

1995	2002	2007	2015	2020
互联网诞生 Web1.0	高速宽带云 Web2.0	手机 宽带 智能手机诞生	IoT时代 来临	AI和机器人 普及

2007 年，智能手机诞生了，已经是用手机也可以接收和传送大容量数据的时代了。看了史蒂夫·乔布斯的 iPhone 发布会演讲视频后，心里想："乔布斯，你太酷了！"话虽如此，记得还是没有马上把加拉帕戈斯手机[⊖]换成苹果手机。

不过，到了 7 年后的 2014 年，世界各地的人已经在自由轻松地玩起了智能手机。在亚洲和非洲，也许有的人没有电视或计算机，但不能没有智能手机，充电用太阳光就可以了，真是什么奇迹都能发生啊！

通过以上的事实可以发现一个规律：所有的科技，从产生到普及至日常应用，需要 5 ~ 7 年。

假设上述规律成立的话，AI 将会发生怎样的变化呢？

⊖ 日本国内流行的手机。——译者注

促使 AI 发生急速进化的深度学习技术，大致是在 2013 年出现的。2013 年再加 7 年，就是 2020 年。我们可以大胆预测：到了 2020 年东京奥运会开幕时，AI 就会像现今的互联网或智能手机一样，成为我们日常生活当中理所当然、必不可少的事情。

如果说 2035 年技术奇点到来的时间还很遥远的话，2020 年不是就在眼前吗？

听了孙先生的话后，我深感应该认真思考眼前的工作将会发生怎样的变化，以及应对的办法。对于正在读本书的读者来说，希望也能把 AI 当作与自己密切相关的事情，认真思考和应对，这也是我写作这本书的主要目的。如果能引起读者的同感，我将十分愉悦和欣慰。

要想了解 AI 的最新信息，我们能做的事情是什么呢？

"20 年以后，无论您愿意也好、不愿意也好，现在的工作几乎都会被机器所替代。"

这是 Google 的 CEO——拉里·佩奇在 2014 年所说的话。

我不希望看到 AI 支配人类的世界，但是，毫无疑问人类的工作将被 AI 逐步替代，这是现今世界发展的潮流，是必将发生的事情。

是的，AI 正在发生日新月异的进化。

即使是每周都参加我们的科技学习会、渴望及时掌握最新信息的成员，也会常常发出"这样的事情也能做了吗？"的感叹。的确，能让这些熟知现今科技信息的人士都会发出上述感叹的技术和服务项目，正在不断地被开发出来。

要想按照 AI 时代工作方式的三大步骤——了解、使用、创造逐级提升，首先是要了解，要知道获取最新信息的各种"场所"。这里介绍几种方法供参考。

① 空闲时间玩一玩游戏也未尝不可，不过，别忘了看看新闻！

用"人工智能　新闻网站"进行搜索，马上就可以出现很多的媒体网站，挑选中意的网站，空闲时间大致浏览一下，是会有一些收获的。我对 TechCrunch Japan 和 Wired 里的新闻很感兴趣。我每周都要参加的科技学习会的主持人汤川鹤章先生，是一位 IT 自由记者，他还主办了一个在线沙龙（每月收费 5000 日元），虽然需要缴费，但是却上传了最新的信息，可以听到许多不知道的事情。

② 要跟踪视野开阔的意见领袖们的 SNS（社交网站）

跟踪浏览孙泰藏、国光宏尚、田端信太郎等 IT 业界意见领袖们的 Facebook，也是我日常的重要浏览项目之一。从他们提供的信息中，可以直接感受到"世间正在发生这样的变化啊！"之类的流行趋势。这些都是公开发表的文章，也没有必要发送好友请求，直接浏览就可以了。

③ 请到科技学习会看一看!

与其自己在网上浏览,还不如到现场听专家演讲更能激活我们的大脑、拓宽我们的思路。与科技相关的活动或学习会的通知,Facebook 上有很多,不要因为什么也不懂而怯场,放开胆子去也无妨。

用"人工智能 活动"搜索,您会发现有许多的学习会或研讨会,让我们在某个研讨的会场上相见吧!

前面虽然没有提到,但另外还推荐您读一读"日本经济新闻"。

2016 年,晨报每天在刊载与 AI 相关的新闻。自从对科技有所了解后,开始对报纸上新闻的背景有想象的能力了,读起来也更有乐趣了。

现在读报纸的时候,经常会产生许多想象,如:"这个新闻是不是应用了那个技术?""说 AI 能做这样的事情,是真的吗?似乎有点难度吧?"等等,随着想象空间的不断延伸,感觉科技这个东西还是很有趣的啊!

幻想 × 科技,创造新的商机

接触科技以后,发现我们头脑中的近乎幻想的想法如果能够与科技结合到一起,会产生化学反应,创造出新的商机。

也是我亲身体验过的一个事情,在与琳娜交流的过程中,有一天突然产生了一个想法：我的工作之一是人事聘用顾问，如果设计一个类似琳娜的 AI 聊天室，也能够自动回答聘用相关的问题，不是很好吗？

"这个幻想挺有趣，值得试试！"顿时精神亢奋，跃跃欲试。结果，不久就成功完成了 AI 聘用助手聊天室——AIR（AI Recruiting，AI 招聘）。

产生想法的时间是 2016 年 5 月，与工程师开始商讨的时间是 6 月，开始开发的时间是 8 月，开始营业的时间是 9 月，真正开始服务的时间是 2017 年 2 月。谢天谢地！有几家企业说"这个聊天室很有意思啊！"。目前，这个项目的商业经营也做得很顺利。

不过，对于我来说，在开发 AIR 的过程中最大的回报是学会了站在 AI 服务项目开发者的角度考虑问题。

成为 AI 服务项目的"创造角色"后，AI 能做什么、不能做什么，也就看得一清二楚，也学会了计算开发 AI 所需的时间和成本。在开发过程中，充分领略了目前 AI 服务的高超水平，对于无偿提供 AI 技术服务的高科技企业，也让我钦佩之极。

我是一个纯文科毕业的科技门外汉，一年内亲身体验了了解、使用、创造三大步骤，使我受益匪浅。

各位读者，看了我的体验后有何感想？还会将科技定格为只有工程师才能做的事情吗？是不是也产生了挑战的欲望？让我们激起"这么有趣的事情，我也能做！"的热情，享受"幻想 × 科技"带来的新商机和快乐吧！关于如何在组织中应用科技的课题，将在第 3 章详细论述。

值得庆幸的是，一些高科技企业，已经开始为我们提供创造 AI 服务项目的材料，称为 API（Application Program Interface，应用程序接口）。

以前开发 AI 服务项目，从零开始到程序设计，需要投入大量的成本和时间，如今利用 API，都可以省略了。

例如，创建聊天室时，有专门的 API——API.AI，可以大幅度提高开发速度。顺便说一句，以前的 API.AI 是收费服务，2016 年被 Google 收购后，可以免费使用了。

我们有时会产生"这个事情如果能做成的话，会很有趣、很高兴"的想法，科技正在成为推动实现我们梦想的能量源泉。

当初开设自己的网页和博客时，全世界的人们都在欢欣鼓舞；SNS 加速了自己与世界的联系时，人们享受到了现代科技的乐趣；利用 AI 进行创造时体验到的快乐，将是 2020 年后 AI 时代工作方式的乐趣所在。

让我们与 AI 合作吧！

讲到这里，您已经了解了 AI 的进化历程，也了解了 AI 对工作可能带来的影响，下一步，您是不是已经在考虑如何改变自己的工作了？

写作本书的初衷，并不是要煽动对无法预知未来的茫然不安和危机感，而是提供一些建议，帮助您改变自己眼前的工作、创造 AI 时代幸福的工作方式。

下一章，将要探讨改变个人工作的方法，根据职业种类分别论述。终于到了发挥我这个工作方式专家看家本领的时候了。

在进入第 2 章之前，让我们先总结一下第 1 章的内容吧！

◆ 第 1 章总结

☑ 2017 年，搭载了 AI 的冰箱会开始销售，从而成为家庭讨论的话题。

☑ 首先，第 1 步要了解 AI。

☑ AI 急速进化的背景在于深度学习技术的出现，用一句话概括的话，就是机器长了眼睛。

☑ 没有数据，AI 就是一个箱子，随着数据的积累和学习，AI 才能变得更聪明。

☑ AI 时代工作方式的三大步骤——了解、使用、创造。

☑ 了解科技的人和不了解科技的人之间的差距在拉大，或许会导致收入差距拉大。

☑ 了解以后，就要马上开始使用，是否已经与 LINE 的女高中生 AI——琳娜交谈过？

☑ 使用过 AI 后，对 AI 的不安和恐惧会减轻。

☑ 银行融资人员的工作为什么会被科技替代？您能够从技术层面解释清楚吗？

☑ 虽然技术奇点的话题很有趣，但是更重要的是要研究如何改变眼前的工作。

☑ 根据过去的变化预测未来的走向，新技术的普及需要 5~7 年。

☑ 为了掌握最新信息，建议利用新闻、SNS、学习会。

☑ 将您的幻想与科技结合起来，就会产生新的商机。

☑ 未来，在与 AI 合作过程中产生的跃跃欲试的兴奋，将是 AI 时代的工作乐趣之所在。

第 2 章
每个人都应该做出怎样的进化？

在 AI 不断进化的时代，我们人类需要创造出什么价值？应当如何促进目前工作的进化？关键要从 AI 不擅长的地方思考人类的价值，让我们将各种职业分成营销和接待、制造、技术、事务和管理四大系统，具体探讨论述吧！

政府对未来的变化做出了怎样的估测？

在 AI 为首的科技不断进化的时代，现在到 2030 年之前，各种职业将会发生怎样的变化，日本经济产业省已经做出了详细的总结报告，即 2016 年 4 月 27 日发表的《新产业结构预测及引导第 4 次产业革命的日本战略》。用这个关键词搜索的话，谁都可以通过 PDF 阅读。

如今正在发生怎样的变化？日本的战略是什么？工作会发生怎样的变化？洋洋洒洒 120 页，做了详细的论述。120 页？许多人乍一听都会感觉太长。不过，报告从社会观点到个人的看法，做了系统、详细、严谨的总结，真是一件了不起的事情。

下面，就来读一下与本书直接相关的"第 4 次产业革命引起的就业结构转变"这一章吧！

从日本政府的报告中也可以预见到 AI 的进化将对我们的工作带来巨大的影响。虽然可以消除人手不足的问题，但是历来受欢迎的中等技能水准的白领工作需求将大幅度减少，这在报告里已经说得很清楚了。

报告还指出：由于商业形态将发生巨大的改变，也将产生新的雇佣需求。所以，随着 AI 导致商业形态的变化，我们每个人都应该认真思考，促进自己工作的进化，这也是日本政府所期待的。

在这份报告里，将工作分成 9 大类，对各类工作的就业人数变化做了详尽的预测。预测的脚本有两个：

第 1 个是"保持现状脚本"，即国家、产业、个人对于科技的进化不采取任何应对措施，一直延续传统的产业和雇佣体系；第 2 个是"变革脚本"，即认真思考科技进化带来的影响，转换产业和雇佣体系，推动人力流动。

报告的第 16 页用了十分严峻的语言描述了转换面临的困难局面：是伴随痛苦的转换，还是相对安定的逐渐恶化，转换的速度将决定转换的成败。

请看图表中的数据吧！

各种职业的从业人数变化　※2015年与2030年的比较

职业	变革脚本里的职业形态	各种职业的从业人数		各种职业的从业人数	
		保持现状	变革	保持现状	变革
①上游工程 经营战略策划者与研究开发者等	经营与商品策划、营销、R&D等负责新型商务的中等人才增多	-136万人	+96万人	-2.2%	+1.2%
②制造和采购 制造生产线员工和采购部门员工等	逐步被AI和机器人替代，无论变革成败与否，都会减少	-262万人	-297万人	-1.2%	-1.4%
③营销贩卖(替代概率低) 个人定制高价保险商品的营销员等	高水平的咨询功能成为竞争力的源泉，与商品、服务相关的营销人员增多	-62万人	+114万人	-1.2%	+1.7%
④营销贩卖(替代概率高) 低、固定的保险商品营销人员，超市的收银员等	由于AI和云数据的应用，自动化程度和效率提高，无论变革成败与否，都会减少	-62万人	-68万人	-1.3%	-1.4%
⑤服务职业(替代率低) 高级酒店的接待人员、细微护理人员等	与人直接交流应对，关系到服务质量和高附加值相关的工作增多	-6万人	+179万人	-0.1%	+1.8%
⑥服务职业(替代率高) 大众餐饮店的店员、客户服务中心人员等	由于AI和机器人的应用，自动化程度和效率提高，需求减少 ※如保持现状，则微增	+23万人	-51万人	+0.1%	-0.3%
⑦IT业务 制造业中IoT商务的开发者、IT安全维护人员等	由于制造业的IoT化和强化安全需要，产业整体的IT业务需求增加，从业者增多	-3万人	+45万人	-0.2%	+2.1%
⑧后台办公系统 财会、工资管理等人事部门员工，数据输入人员等	由于AI发展和业务增加，无论变革成败与否，都会减少	-145万人	-143万人	-0.8%	-0.8%
⑨其他 建筑工人等	由于AI和机器人的应用，自动化程度和效率提高，需求减少	-82万人	-37万人	-1.1%	-0.5%
合　计		-735万人	-161万人	-0.8%	-0.2%

注：本表由日本经济产业省根据株式会社野村综合研究所及牛津大学迈克尔·A.奥斯本博士、卡尔·本尼迪克特·弗雷博士关于"日本社会各种职业的计算机化概率"的共同研究成果制作。

从合计数据看，的确很严重。如果是"保持现状脚本"，将减少 735 万人的雇佣人数。2015 年的从业者人数是 6334 万人，如果不采取任何措施，自然发展下去，意味着 1/10 的人面临着失去工作的危险。

那么，如果按照"变革脚本"转换产业和雇佣体系，推动人力流动的话，又会怎样呢？依然有 161 万人的需求减少。总之，无论是哪个脚本，预测的结果都是从业人数减少。

从劳动者角度考虑，的确是悲观的预测数据。

但是，从国家整体考虑，由于人口减少和老龄化问题，整体从业人数原本就在减少。无论科技进化与否，原来预测的劳动者人数也是减少的。

各位读者所在的公司也是存在着工作人手不足、想招人又招不到的问题吧？无论怎么说，劳动者人数减少是我们身边正在发生的事实。

通过上述数据可以想到：与其思考科技夺走我们的工作，还不如多多思考如何灵活应用科技，提高我们的工作效率。对于科技无法替代、只有人才能做的工作，有必要思考如何进化每个人的工作，使其更加完美高效。

所谓 AI 无法替代、只有人才能创造出来的价值是什么呢？第 1 章曾经写到过"AI 太棒了！"但是，AI 做不了的事情太多了，数不胜数。我们应该从了解 AI 擅长什么、不擅长什么着手，努力改善自己的工作。

在第 2 章，我们就具体探讨这方面的内容！

从 AI 不擅长的领域考虑人的工作价值

下面，让我们从 AI 不擅长的领域思考人类工作的价值！

有一天，在以"科技 × 工作方法"为题的培训中，我即兴在白板上画出了下面的图——矩阵分类。

横轴左侧是逻辑、分析、统计能力，说得通俗易懂一点，就是 Excel 的能力（Excel 是微软公司的一款电子表格软件，直观的界面、出色的计算功能和图表工具，再加上成功的市场营销，使 Excel 成为最流行的个人计算机数据处理软件。在 1993 年，作为微软 Office 的组件发布了 5.0 版之后，Excel 就开始成为所适用操作平台上的电子制表软件的霸主）；横轴右侧是感性、身体性、直觉性的能力，也可以说是人性的能力。

纵轴的下方是结构化并大量实施的能力，称为结构化的能力，换句话说，就是结构化的工作；纵轴的上方是针对还未结构化的事物产生疑问，使其结构化的能力，称为非结构化的能力。

那么，被区分的四个部分中，AI 擅长的领域是哪部分呢？凭感觉说，毫无疑问是横轴左侧部分的能力。

进行逻辑分析，统计总结大量的信息，可以无限次反复高速运转计算，正是计算机和机器人最为擅长的领域。

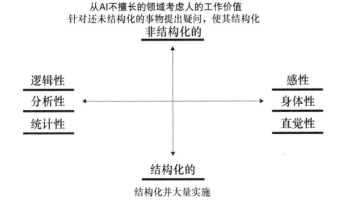

为什么计算机可以大量、高速、重复做同样的事情呢？理由非常简单，那就是计算机不知道疲倦、不知道厌烦。

在做大量、高速、同样的作业时，人是会疲倦的，因为我们具有的是身体，而不是机器。而且，重复几次后，人就会产生厌烦情绪，计算机则不会说"这个工作已经厌烦了，不想干了！"那是因为计算机和机器人是没有感情的。

对于具有身体和感情的人来说，疲倦也好、厌烦也好，都是很正常的事情，也可以认为是人的弱点。不过，正是由于具有了会疲倦的身体、知道厌烦的感情，人类才知道努力研究创新，这正是人类优越之处、有趣之处。

换句话说，在"更加需要创新思维的领域""需要身体性和感情的领域"，人类似乎优于 AI。所以，如果将工作重点放到 AI 不擅长的领域，我们就可以在优于 AI 和充分发挥人类价值的状态下工作。

如果您的工作大部分处于横轴左侧的领域，您就要怀有近期或许就会被 AI 替代的危机感，早做准备为妙。

无视自己的感情和疑问，只是漫无目的地重复同样事情的工作，完全是机器人的工作方式。

但是，那个人原本就愿意像机器人一样工作吗？我想不是的，或许问题的原因在于安排工作的人，甚至组织的存在形式。

说句实话，20 世纪是一个将人变成机器人的时代。20 世纪上半叶，产生了汽车的鼻祖——福特 T 型车、形成了大规模生产汽车的机制。将许多人塞到一个场所里（工厂或公司），重复做同样的工作。唯有如此，才可以大幅度提高大规模生产的工作效率。

效率成了最为重要的业绩评价指标（Key Performance Indicator, KPI），对于人的感情和疑问，作为非效率性的东西，常常受到无视。所以说，20 世纪是将人变成机器人的时代。

进入 21 世纪，人们逐渐发现了 20 世纪模式的问题所在——单纯追求效率的结果，使得人类进入了一个完全是无可奈何的时代。单纯追求效率，并不意味着幸福随之而来，人们在产生这样的感情和疑问的同时，身体和内心往往发出悲鸣之声。某种意义上，感觉 AI 是与人类对上述问题的警觉相伴登场的，是不是某种必然啊？

时下常常在说"AI 夺走了人的工作"，如果从本质上说，是 AI 代替了机器人式的工作方式，这样的描述难道不是更为符合实际吗？

将不得不重复进行的工作、只知追求效率的工作，统统交给机器人去干，人们的工作就能快乐起来。人们一边研究创新、一边享受充满感情的工作，工作将使人们快乐和享受！

摆脱 20 世纪的束缚，成为自由工作的人，享受充满人性化的工作，将是 AI 时代幸福的工作方式。

为了提高人的价值

为了在 AI 不擅长的 3 个领域扩展自己的工作，我们应该重视自己在各自领域里所能追求的能力和工作方式。下面让我们共同探讨这方面的问题。

首先是下图左上领域的工作。在这部分，针对还未结构化的事物提出疑问、进行逻辑分析的工作是什么样的工作呢？

我将其称为"提出假想"的工作，需要将非结构化的模糊印象用语言表述出来，暂且定义为"传达者"吧！

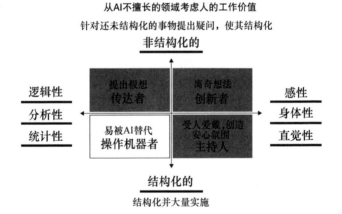

凡事换个角度思考，绝不是想当然地做出判断。经常怀有"这个事儿有点怪？"的疑问，思考"原本是什么原因导致目前这种状况的呀？"能够从原理上、原则上重新思考，然后能够提出假想——这个事情如何做才好呢？好奇心是产生疑问、提出假想的能量源泉，一个充满了好奇心的人，是不可能轻易被 AI 所替代的。

为什么这么说呢? 因为支配 AI 的是人,而不是别的什么。尽管 AI 可以高速、大量地进行数据分析,但思考为什么做分析的是人,根据 AI 做出的分析结果,做出"好! 就这么办! "的决策工作,也是只有人才能做出来的工作。

所以,决定目的、实施决策,都是我们人类的工作,无论社会发展到任何时候,我们都应该经常怀有疑问、建立假想、支配 AI 进行工作,让 AI 为我们所用,而不是被 AI 所支配。

其次是图中右下领域,也是已经结构化了的领域。在已经结构化了的领域里,为了充分发挥人类独有的价值,我们应该灵活运用只有人才具有的感性、身体性、直觉性。对于需要察觉对方的感情、说服和适时适度款待客户的工作来说,人肯定要比 AI 更为擅长。

讲到这里,谁都可能产生一个疑问——AI 会不会也像人一样具备感情呢? 我个人认为:遥远的未来不知道会怎样,可预见的短期内还是一个很难办到的事情。

人心到底是什么? 我们人类还没有弄清楚。人类具有语言已经有数千年了,无数的先贤们都曾思考过这个问题,至今还没有形成明确的定义。人类还无法用语言表达清楚的事情,怎么能够教会计算机呢?

或许到了某一天,计算机也能进化到具备感情的程度。不过,眼下看来是一件难以办到的事情。人类是具有感情的,感情是我们应该充分发挥价值的领域。

感情、感性、直觉与身体的感觉相关，精神紧张身体就会颤抖、高兴身体就会发热。人类正是由于具有了身体，才具有了感情。机器人不具有身体，自然也就不知道感情是什么东西。

我们人类的身体上具有无数的感觉器。例如，有时不知为何，脑后似乎有能看见东西的感觉，脑后并没有长眼睛，却会产生视觉感。

这种身体性，是人类所具有的最高级的感觉器。将这些感觉器都安装到机器人身上，是极其困难的，需要投入大量的成本进行研究。我们的身体就是人类巨大价值之所在。

但是，现代人却经常性地无视我们自己的宝贵身体。以前的我就是那样的，每天走过连接地铁和车站的电梯到公司上班，一整天待在办公室里，连日光浴也享受不到，晚上很晚回家，看一会儿电视后再睡觉。已经习惯于忽视"倾听身体的声音"。

让我们再一次找回身体的价值吧！在进入 AI 时代的今天，的确是一件很有必要的事情。

我们的身体有视觉、听觉、触觉、味觉和嗅觉五种感觉，加上所谓的直觉（又称为第六感觉），合计有六种感觉，这些感觉通过身体性意识发挥功能。人会忠实于自己身体的感觉，将自己的感觉通过表情、手势、身体动作、声音等柔和地表现出来。忠实于直觉，不仅能思考，还能感觉，这些都是人所擅长的。这些方面擅长的人，会给周围的人带来心情舒畅的感觉。这些让人喜欢、能够创造安心氛围的人，被称为"主持人"，这种人能够创造融洽的氛围。

最后是图中右上领域的人。在这个领域，需要有丰富的感性和直觉，同时还要有提出问题的能力。这个领域的工作，要求不拘泥于既有概念，依赖自己的感觉和想法，创造出前所未有的价值观。这种类型的人，可以称为"创新者"。

这些人的想法往往背离正常的想法，经常被周围人认为是不着边际、难以置信等，不被人理解。所以，组织和周围社会对这些人的评价有时并不会太好。

正因为如此，在今后急速变化的时代中，这些人发挥其自身价值的可能性更高。

在上述三个领域里，创新者从事的工作恰好处于 AI 最擅长领域的正反面，也是最不容易被替代的工作。因此，大家都在探寻成为创新者的途径，希望自己也成为创新者。不过，依我多年工作在能力开发培训第一线的经验，人要想一跃成为创新者，几乎是不可能的。

每个人都有其擅长的领域。有的人擅长感性和直觉，有的人则擅长提出疑问。所以，与其想一举进入图中右上领域，还不如多思考"如何在眼下的工作岗位上提高自己的感性、身体性和直觉性能力""如何提高提出问题的能力"，这样做可能更现实一些，也更具有实践意义。

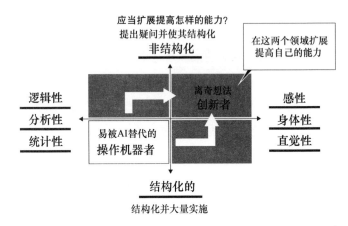

综上所述，思考如何使自己的工作进化到上述三个领域，是创造 AI 时代幸福工作方式的思路起点。

不过，看到这里，您或许认为还是难以形成具体的印象。接下来，让我们更加深入具体地进行探讨吧！

下面开始，将职业分成大家易于理解的①营销和接待系统、②制造系统、③技术系统、④事物和管理系统四大类，结合具体的 AI 事例，详细论述各类职业如何转向图中右上领域的问题。

① 营销和接待系统

首先是营销和接待系统的工作。在前面提到的日本政府报告中，将这部分工作分为营销和销售、服务两部分。具备高水平咨询功能的营销和销售工作，在应对科技进化的变革脚本里，预测会增加 114 万的从业人数；另一方面，低附加值的营销和销售工作，即使是在变革脚本里，预测也会减少 68 万的从业人数。

服务业的工作，也做出了同样的预测，需要人直接应对的工作，预计增加需求 179 万人，AI 和机器人也可以应对的工作，预计从业人数减少 51 万人。

营销也好，服务也好，除了离不开人的工作以外，毫无疑问都是减少的。

营销和接待工作的共同点是都需要与人打交道，最近虽然只通过 E-Mail 和电话交流就可以达成的交易在增多，但要使对方满意、成为本公司的忠实客户、达到建立长期交易关系的目的，大多还是要通过直接见面交流来完成。

机器人完全替代人从事营销和接待工作，不知是何时才能够实现的事情。稍微想象一下如何? 可想而知的事情数不胜数。

例如，只能看见数字的交流、无法感知对方感情的营销，完全是"手册式"规范接待的机器人"工作人员"，无论如何也是不可能让顾客满意的。

在这样的工作状态下，工作人员怎么能够感受到工作的乐趣呢?

在改变这类工作方面，已经有了非常值得参考的应用 AI 范例。如瑞穗银行应用 IBM 公司的 AI——Watson，改进客户服务中心业务的例子。

看过视频的人已经知道具体情节了吧? 以前，客户服务中心的工作人员，面前需要准备好纸制手册，以应对客户的电话; 引入 AI 以后，工作人员可以参考计算机提示的"回答事例"，迅速地回答客户提出的问题。

这里最让人惊叹的是 AI 具有的自动听取客户声音的"声音识别"功能，工作人员不必向系统输入客户提问的关键词，AI 便可以自动地显示出"是这个答案吧！"的提示，这不是机器长了耳朵和眼睛吗？太棒了！

在营销和接待系统，人性化的工作是什么？

在上面的例子里，值得我们思考的有两个问题：一个是"AI替代了客户服务中心什么样的工作？"另一个是"引入 AI 后，人应该专注于什么样的工作？"在培训班上提出这两个问题后，学员们立即给出了正确的回答。

让我们结合下图详细说明吧！

客户服务中心的工作人员听到顾客的问题后，需要在手册里查到相应的应答事例，然后予以回答。AI 就是替代了这个调查工作。

如果能够将手册里的事例全部记在脑子里，自然不用查找手册就可以马上做出回答，无奈手册里东西过于庞大复杂，靠人脑记忆实在是太难了。这里，AI 又代行了记忆功能。

所以，工作人员可以腾出精力专注于"用心"的工作。察觉对方的状况和感情后，着急的人就快速予以回答，免得对方不耐烦；如果是时间充裕的人，就可以非常耐心地问答交流，直到顾客满意为止。

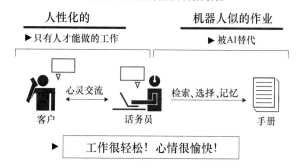

AI在客户服务中心的应用

AI帮助我们做了什么样的事情？给我们带来了怎样的便利？
人因而可以在哪些方面发挥价值？

客户服务中心工作人员的工作，是一个非常需要用脑和用心的工作。应对手册越来越复杂，不仅要用脑，对于在中午休息时的间歇时间打来的电话，也要专心应对，不能有半点的马虎。很多顾客想当然地认为："客户服务中心的工作人员就是应当什么问题都能做出回答。"不知道有多少人向她（他）们表示过感谢，似乎不是太多。

长此以往，工作人员的大脑和心情逐渐会感到疲惫。因此，这个工作已经成为离职率较高的工作了。

AI替代了"用脑"的部分工作，使得工作人员可以从容应对"用心"方面的工作。这种"用心"的工作，称为"人性化的工作"，随着 AI 的进化，营销和接待工作需要逐步向这方面转化。

视频里出现的场景是：一位大学生的父亲，要替儿子建立一个银行账户。遇到这种场景，如果是您的话，向大学生的父亲说一句什么样的话才算是更加人性化的应对方式呢？

这种场景，能够自然得体地马上做出回答的能力，是人类独有的价值。AI 是不可能说出自然得体的对话的。

这时应该问自己："眼前这位父亲的心情是怎样的呢？"然后根据自己内心涌现出来的感情，自然地向这位父亲打声招呼。如果能做到这一步，您就是做出了 AI 做不出来的工作了。请务必思考一下！

培训期间问了这个问题后，有的学员说："祝贺您的儿子升入大学！"有的学员说："真是一位慈祥的父亲啊！您的儿子真幸福啊！"真是充满了人情味的美妙声音啊！

顺便说一下最初培训时即兴表演的情景，向学员们提出问题以后，我的内心里产生的声音是："儿子正在学校学习是吗？"我想这位父亲或许会笑着回答说："哪里啊！谁知道他是不是在学习啊……"这是多么充满了人情味的对话呀！我的脑子里随后又说到："如果亲自到窗口办理的话，加上路上的时间，至少需要花费两个小时，省下这个时间用到别处有多好啊！很荣幸能对您有所帮助！"

经过这样的会话交流，这位父亲怎能不产生"下次还是到这家银行办账户吧！"的想法呢？对于现如今客户服务中心的业务来说，也许要求有点过分，不过，所谓人性化的工作价值，难道不是通过这种会话交流产生的顾客的小小快乐吗？

而且，在这种充满人情味的会话交流过程中，对于客户服务中心的工作人员来说，不是也会感到工作的快乐吗？

这个事例给我们的启发是：与 AI 共同工作，不仅可以使我们的工作变得很轻松，也可以使我们的心情变得很愉快。

建设具有假设机制的营销和接待系统

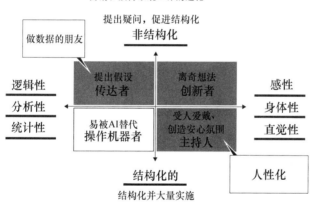

营销和接待系统工作的进化

如上图所示，人性化的营销和接待工作，是 AI 时代的工作方式，也是在启发我们向感性、身体性、直觉性的领域进化。

那么，为了向图中左上"提出假设"领域进化，需要我们做出怎样的变化呢？在营销和接待工作上，应当停止重复目前为止的工作方式，怀有"究竟怎样做才好呢？"的想法，思考提出和建立创造新价值的假设。

思考的起点就在于与数据做好朋友。

在第 1 章里已经论述过了，AI 离开了数据，就只是个箱子。反过来说，如果将自己拥有的数据让 AI 学习，就可以培养 AI 为自己服务。那么，营销和接待工作积累的数据里，都有哪些有价值的东西呢?

积累的数据是非常多的，如顾客的反应、索赔事例、成功事例、交付设备的运转数据、顾客发来的 E-Mail 反馈数据、购买某一商品的顾客经常同时购买的商品数据等等，如果能够和这些数据成为好朋友，就有可能提出以前提不出来的建议，自然可以做好接待工作，满足每一个客户的需求。

这些工作称为顾客信息管理（Customer Relationship Management，CRM）。CRM 的工作，实际上在 AI 大量应用以前就已经开始运作，随着 AI 的进化，这些工作会变得更轻松、更快速。

在以前的 CRM 系统中，遗憾的是好不容易收集到的这些数据，现场的工作人员没能很好地予以应用，取得应用成果的事例很少。

原因在于输入数据的人和分析数据的人往往属于不同的部门。身处营销和接待第一线的工作人员无论输入了多少数据，承担分析并提出企划改善工作的是总部的经营企划部等部门。结果，作为身处第一线的工作人员，因为不是自己策划的方案，就缺乏实施的积极性。而且，从收集数据到实施改善，速度很慢，非常不利于改善工作。好不容易经营企划部的分析结果出来以后，第一线工作人员的反应却是："那个事情的话，我们早就想做了呀！"

白白浪费了实施的大好时机，太可惜了。

AI 就可以很好地改善这种状况，使得第一线的工作人员熟练应用数据、自己就可以简单快速地进行数据分析，提出改善方案。

如同微波炉加热般简单易用的数据机器人

说到数据分析，对于像我这种文科出身的人来说，如果让我用 Excel 编制出宏（Excel 办公软件自动集成了"VBA"高级程序语言，用此语言编制出的程序就叫"宏"。使用"VBA"需要有一定的编程基础，并且还会耗费大量的时间，因此，绝大多数的使用者仅使用了 Excel 的一般制表功能，很少使用"VBA"），我会望而怯步，毫无信心。不过，数据机器人（DataRobot）让我有了信心，感到自己也能做出一些只有数据科学家才能做出的工作。

美国 AI 风险企业——数据机器人公司开发了数据分析工具，开设了即使不会程序设计，也可以进行数据分析的服务项目。通过他们的服务，普通的商务人员也可以像应用 Excel 一样，创造操控 AI 的世界。

柴田明是数据机器人公司的数据科学家，他给我看了演示视频，真是一个了不起的工具。在 YouTube 上面用数据机器人搜索，就可以看到视频。

让数据机器人读取大量的数据，设定分析目的，然后按"开始"按钮。结果，数据机器人自动形成统计分析数据趋势的"预测模式"，这个过程仅需 3 分钟的时间，完全是如同微波炉加热食物般简单易用的 AI（数据机器人）。

例如，让数据机器人大量学习以往顾客的合同订货数据、订货失败数据，建立预测模式。然后，让预测模式读取部分还未签约的新顾客资料。结果，预测模式就会显示出签约可能性高的顾客名单。

通过这个分析预测结果，营销人员就可以排列出顾客的优先顺序，在有限的时间内合理安排与顾客交流的时间，提高成交效率。

以前，能够建立预测模式的是精于数据分析的一小部分员工，而且需要数日至数周的时间。另外，工作现场的数据是经常发生变化的，刚刚建立的预测模式也有可能瞬间变成陈旧的东西，需要重新建立预测模式。

数据机器人完全改变了建立预测模式的困难局面。谁都可以在数分钟内随时根据最新的数据建立新的预测模式，工作进化到"边思考边行动"的高效状态。

那么，在类似数据机器人的 AI——简便易用的数据分析工具陆续来到我们的时代，人类需要具备的能力是什么呢？答案是要经常怀有"想预测什么呢？"（想知道什么呢？）的疑问。

即使是将大量的数据交给了 AI，也是只有人才会思考从中想要达到的目的，AI 并不是说给了数据就可以自动告诉我们结果。

所谓目的,无非是想要了解什么样的顾客解约可能性高、哪个顾客签约可能性高而已。

提出"解决了什么问题才能达到自己的最终目标呢?"的疑问,从 AI 根据数据分析提供的几个选项中确认下一步行动的"意思决定",然后付诸行动。上述一系列过程,正是 AI 时代与数据做朋友的工作技巧。

如何使现场的工作更加有意义?

因为是人,所以工作时就会产生厌烦情绪。只是埋头于处理上司交待的工作,难免陷于厌烦状态,也是正常的现象。如果能够边思考边工作,工作就会变得很有乐趣。似乎是为了解决这个问题,AI 才来到了我们的身边。

不过,在营销和接待第一线,时时刻刻受到永无止境的大量繁杂的业务逼迫。在那里听到的声音是:"我们也知道应该动脑子工作,不过,还是要首先应付似乎毫无意义的营销日报。"

引入 AI,就是为了改变目前的工作方式。不要认为 AI 会夺走人的工作,而是要更多地思考把什么样的工作交给 AI 去做,人才能有时间投入到价值更高的工作上。

所谓价值更高的工作,无非是指思考根本性的问题、策划战略、构建和工作伙伴之间的关系,等等。

为了促进工作向上述方向进化,首先要给远离科技的第一线营销和接待人员创造学习科技的机会，如让他（她）们观看有关视频等，从而了解 AI 的进化状况、哪些工作可以让 AI 去处理等相关知识。

通过学习，工作人员会减少对 AI 的茫然不安，可以提高他（她）们应用科技、改进自己工作的欲望。

◆ 营销和接待系统幸福的工作方式要点

☑ "工作不能掺杂感情"的时代已经结束了，让我们做只有人类才能做的人性化的工作吧！

☑ 能够马上回答出充满人情味的话语，是人类独有的价值。平日，要多多练习感情交流的功夫。

☑ 学会进行充满人情味的会话，将使工作变得更有趣。

☑ 与数据成为朋友，是成为"边思考边工作的人"的关键。而 AI 只是服务于人的工具而已。

☑ 请您在工作现场大喊一声："我要使用数据机器人似的 AI 工具！"

☑ 不仅是工程师，其他人也都可以灵活使用数据和 AI 时，工作会得到改进，工作会变得很有乐趣！

② 制造系统

下面就来探讨一下制造系统工作进化的事宜吧!

前边提到的日本政府报告指出:无论变革成功与否,制造系统的工作将逐步被 AI 和机器人替代,从业人数减少是不可否认的趋势。在保持现状脚本里,减少的人数为 262 万人;在引入科技的变革脚本里,减少的人数更多,预测减少 297 万人。如果是那样的话,有人会认为不引入科技不是更好吗? 当然,产生这种疑问也是可以理解的。

不过,近 20 年的时间里,随着制造业工厂的 IT 化、机器人化,只有人才能做到的"多能工化"有了很大的发展,多能工⊖创造出的价值也是只有人才能做到的。结果,日本制造业的生产效率傲视世界。那么,难道就没有必要进一步提高生产效率了吗? 当然不是。

即使日本不推进 AI 化,其他国家也会将 AI 化看作是超越制造业大国日本的绝好时机,加速推进 AI 化。为了创建与 AI 合作的制造业工厂,我们要开始一切可能的挑战,积极促进 AI 化。这也是 2020 年之前我们应当做的重点工作。

那么,在已经实现机械化的制造业工厂,应当如何引入 AI 呢?

这里介绍一下双臂工作机器人——巴克斯特(Baxter)吧! 它

⊖　是指具备多种技能的员工。——译者注

是开发出扫地机器人——伦巴（Roomba）的工程师们研制出的工业机器人。它的脸型为平板状，从画面显示的表情可以了解机器人的动作状况。

请务必打开视频观赏实际活动的场面。用"巴克斯特 机器人"搜索，就可以看到许多通俗易懂的新闻和视频。

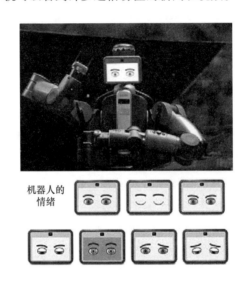

机器人的
情绪

巴克斯特的确是让人十分惊叹的机器人，即使不给它设计程序，它也可以学会如何操作。您可以抓住巴克斯特的手做个引导动作，告诉它"这个作业应该这样做呀！"它就可以很随意地学会如何操作。太神奇了，竟然手把手教就可以学会了。

当然，巴克斯特目前能做的事情还不太多。能拿起的重量仅为 2 千克、动作速度不快、还无法做出像汽车生产线上工业机器人那种高速精密的动作。

不过，它的价格之低让人惊奇。培训时让大家看完视频以后，我问了一个问题："如果您是工厂的采购负责人，您能接受的价格是多少？"结果，大部分的回答是 2000 万日元左右。

我告诉大家一台巴克斯特的价格大致是 400 万日元，众人齐声发出"啊……"的惊叹声。某企业的工厂管理人员自言自语："一位期间工一年的薪酬就可以了呀！"（期间工是指在汽车厂、电子工厂等制造工厂工作的有期限合同工）。

那么，难道巴克斯特是为了夺走制造业工人的工作、给他（她）们的生活造成不幸而制作的吗？我想不是那样的。

对于日本的制造业企业来说，原本就存在人手不足的问题，招人十分困难。人手不足的状态下依然保持原有的工作量，人们的身体必然疲惫不堪。结果，也容易导致失误和事故。前面已经说了多次了，人是会产生厌烦情绪的。

但是，机器人就不同了，就是永远反复做同样的作业，它也不知道疲劳和厌烦是什么东西。将这类的工作交给 AI 和机器人去做，人们就可以摆脱疲惫，游刃有余地从事只有人类才能做的工作。这将成为 21 世纪制造业提高生产效率的方向。

进一步提高制造现场的感情交流

未来的制造业企业，将越来越多地应用类似巴克斯特的搭载有 AI 的机器人。那么，人类能去做什么工作呢？还是需要从 AI

不擅长的领域考虑人类的工作价值。让我们继续参照矩阵图进行探讨吧！

让我们把制造工作转向 AI 不擅长的感性、身体性、直觉性的领域吧！为此，建议在制造现场增加感情交流的内容。

所谓感情交流，就是表扬和激励，就是相互传达感谢之意。

在制造业现场进行的交流，大多为"指示和确认指示"之类的业务交流，如下面的对话交流。

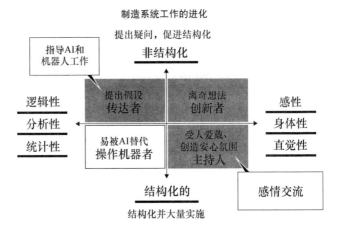

领导："今天的工作内容是这些，交货期临近的 A 公司的工作要优先安排，有什么问题没有？"

下属："没有！"

领导："那好，那就拜托了！"

这样的对话，如果加入感情交流，就会变得完全不同。

领导："今天的工作内容是这些。昨天的工作没出什么事故，速度也很快，太好了（**褒扬、激励**）！昨天的工作没有什么问题吧？"

下属："没有什么问题，谢谢（**感谢**）！"

领导："OK，太好了（**褒扬、激励**）！今天最难的工作是交货期临近的 A 公司的订单，请将这家公司的订单最优先处理一下好吗？"

下属："又是 A 公司吗？说句实话，这活儿挺难干的（**传达感情**），不过，还是要干啊！"

领导：是啊！我也理解你的感受（**予以理解**）！听营销部的人说，对方对上次的急活儿也表示了感谢（**传达感情**）。这次又是一样难干的活儿（**予以理解**），这次让营销部中午请客好吗？"

下属："是啊（笑）!"

写出来文章挺长，实际交流时，也就是多说了几句话而已。这种感情交流，不仅在制造现场，在其他地方也应如此，这才是人应该做的工作。不过在制造现场，认为对话应该尽量简短的人还是很多的。

有一次，一家约有 400 名员工的企业，邀请我以全体员工为对象进行团队建设培训。培训的目的是超越营销、开发、制造、管理等部门之间的界限，加深相互之间的了解，提高工作价值。

在培训的过程中，制造部门强烈提出了一个要求：我们需要更多的交流机会，大家都想和同伴说话。

实际情况是大家都没有那样的时间，各自做自己的工作，能够聚到一起说话的时间也就只有早会和到吸烟处吸烟的时候。的确如此啊！

大家都能聚到一起说话的机会几乎没有，只有这种极少的培训会才可以聚到一起。另外，似乎有一种普遍的看法，认为制造部门的员工不擅语言表达。真的是那样吗？

20 世纪形成了一种固有概念——"工作时说话，意味着偷懒。"也许正是这种想法夺走了在制造现场的交流机会。

如果将工作分类的话，不仅有体力劳动和脑力劳动，还应该加上感情劳动。例如，体贴下属的情绪、调动员工的工作欲望等涉及调节人的感情、鼓励员工努力向上的工作。

很多管理者都说："职位越高，感情劳动付出的比例越高。"这种说法如果成立的话，提高制造现场感情交流的时间，理应提高整体工作的水平。

颇有意义的是巴克斯特还具有表情表现能力。一旦有人接近巴克斯特，它的脸色就会变成橙色；作业不顺利的时候，它会表现出悲痛的表情；虽然是机器人，但是也在努力表现自己的表情；

向它喊道："今天也很努力啊！谢谢了！"它就会表现出高兴的表情，机器人已经进化到如此水准了呀！令人惊奇！

假设出现了不表扬就不活动的机器人，那也是有点棘手的事情啊！不过，在人与机器人合作的时代里，毫无疑问需要更加重视感情的价值。

学会与机器人对话固然重要，增加与一起工作的同伴之间的感情交流更是必不可少的事情。因为我们是人，所以还是首先从人能做的事情开始吧！

指导 AI 和机器人工作的工作会增多

巴克斯特不需要程序设计，只要手把手教就可以学会工作顺序，真是一个令人惊叹的科技进化啊！但是，教什么工作？如何去教？这是人类必须思考的事情。

人也好，机器人也好，都需要通过教导才能学会技能，这一点是相同的。如果是已经结构化了的事情，也许教导不会太难。但是，一个非常复杂的工作，虽然自己会了，但是要想教会别人，也是一件不太容易的事情。

今后，人不但要指导人工作，还要指导 AI 和机器人工作，而且将成为人的重要工作。对于学习已经结构化的事情，机器人轻易就能学会，而对于学习非结构化的事情，机器人则不太擅长。

"究竟这个工作应该按照怎样的顺序去做？""应该如何改进

现在的工作方式？"诸如此类的问题，今后还是需要人类提出疑问并进行思考解决。所以，对于身处制造现场的每一位工作人员来说，越来越要做到"先思考后行动"。这就好像丰田汽车公司所倡导的"自働化"一样，一定要重视人的作用（日语的自动化写法是"自動化"，而丰田汽车公司倡导的是加了人字旁的"自働化"，强调人机的最佳结合，而不是单单的用机器代替人力的自动化。所以，"自働化"与一般意义上的自动化不是一回事）。

相反，如果只是一味追求效率的工作，还是不知疲倦、不知厌烦的机器人更为擅长。仔细分析工厂经营的数据，快速准确地查出效率低下的原因，也许是搭载了 AI 的机器人更为擅长。随着 AI 的进化，制造现场负责人和企业管理者的工作也将发生很大的变化。

作者担任了某大型企业的管理者培训讲师职务，在培训班里接受培训的 3 位 30～35 岁员工提交了一份报告，是关于"灵活应用 AI，改进制造现场工作"的论文。

他们阅读了前面介绍的日本经济产业省的报告后，从生产计划、技术引进、人才培养三个方面，提出了制造现场今后 10 年的进化建议。半年前还几乎不了解科技的 3 位员工，竟然自学了最前沿的科技，结合自己工作现场的数据，思考了具体的改进方案。

听了他们的介绍之后，使我很受启发，感到人的大脑植入了科技后，就会自动思考并实现进化。

看着他们叙说未来的兴奋表情,似乎看到了光辉灿烂的明天。

不要单纯追求效率,更要重视建设创造价值的制造现场

最后,谈一谈制造现场应用 AI 后可能带来的"苦恼"。所谓苦恼,说的是制造现场应用 AI 以后,也许会带来一时的生产效率下降。

曾经网络出现时,原来的纸质资料变成了计算机文件,由于不习惯使用计算机,制造现场的员工说:"用纸质资料管理的时候工作速度更快,这东西一点都不便利。"

采用 AI 时,我想也会出现同样的事情。一定会有人说:"什么 AI,净是不会做的事情!""这么耐心教才能会,还是教人更轻松!"凡此种种,不满之声可能不会太少。

如前所述,日本制造现场的生产效率之高是毋庸讳言的。正因为如此,就像用力拧已经干燥的抹布似的,制造现场每天都在进行不懈的改进。这些都是人类智慧创造出的巨大财富,初期出现生产效率下降时,必然产生感情的纠结,也是很正常的事情。

但是,AI 化是现实世界的滚滚潮流,正在稳步向前推进。即使出现初期的一系列苦恼、生产效率一时上不去,延长至 5 ~ 10 年的期间考虑,所有尝试和错误的积累,必将成为一笔巨大的财富。在这个过程中积累的知识和经验,或许成为指导其他公司 AI 化的资本,甚至创造出新的商机。

◆ 制造系统幸福工作方式的要点

☑ 脑子里形成与巴克斯特似的机器人协同工作的印象。

☑ 人对重复同样的工作产生厌烦情绪，是很正常的现象。请您找出能够让不知厌烦、不知疲倦的机器人做的工作吧！

☑ 在制造现场创造更多的感情交流机会。请首先从相互表示感谢开始吧！

☑ 交流是人的本性需求。请忠实于自己希望得到更多语言交流的感情吧！

☑ 20 世纪形成了一种固有概念——"工作时说话，意味着偷懒。"在体力劳动和脑力劳动之外，请在感情劳动方面投入更多的时间吧！

☑ 人的工作是思考让 AI 做什么工作、如何教会 AI 工作。请首先了解一下 AI 究竟能做哪些工作吧！

☑ AI 更擅长于企业经营的统计管理工作。工厂的管理者也有必要相应进化。

☑ 制造现场引入 AI 以后，也许生产效率一时会有所下降。请忍耐一段时间，尝试和错误积累形成的技能，必将成为新的价值。

③ 技术系统

下面探讨一下技术系统方面的工作吧！在前面提到的日本政府报告中，如果是变革脚本，预测 IT 业务的从业者人数增加 45万人。随着制造业 IoT 化的普及，整个产业对 IT 业务的需求增多，IT 从业者人数自然也会增加。

另外，应用科技创造出新产品、新服务的技术人员，被定义为"上流工程"的核心人员，在变革脚本里，预计增加 96 万人。由此也可以看出社会发展对技术人员的期待之高。

本书所说的技术系统的工作，是指研究开发部门及机械、电气、IT 等方面所有工程师的工作。

如果可能的话，最好能将各个专业领域的科技应用状况逐一深入进行探讨。限于篇幅，本书将重点聚焦适用于大多数工程技术人员工作的事情。

在参加每周的科技学习会、见闻最新科技事例的过程中，深刻感觉到 AI 的进化已经影响了所有的产业，每一个产业都在发生变革。

说到 AI 的应用，最受瞩目的是汽车自动驾驶。实际上不仅是在汽车方面，在医疗和制造业中，AI 应用也取得了明显的进展。今后，AI 浪潮将波及所有业界。

如同金融科技（Fintech）的发展，称为"○○（业界名称）×技术（tech）"的技术、商品、服务项目开发进展神速，所有的技术人员都应竖起天线、时时刻刻关注 AI 和 IoT 等最新科技的进展。

有关 Google 和 TESLA（特斯拉）等著名企业的信息非常多，然而许多企业虽然不为人知，但是在推动 AI 进化方面也起着非常重要的作用，依然是时代的弄潮儿。

例如，请大家一定要搜索看一下 Preferred Networks（PFN）公司的自动驾驶演示视频，从中可以清楚了解到急速学习进步的 AI 的惊人之处。NVIDIA（英伟达）公司的自动驾驶视频也会让我们看得叹为观止。根据 TechCrunch 日本公司的记事报道，是"图像识别 + 深度学习"技术使得自动驾驶技术变为可能。我咨询了一位 AI 方面的资深工程师，他说："不清楚到底是什么技术使得自动驾驶变为可能。"可见技术进化之快超出人们的想象。

如果您还没有听说过 PFN 和 NVIDIA 这两家公司的名字，请您务必搜索了解一下最前沿科技的发展现状。

谈到技术人员的工作方式进化时，关键是要充分了解最新的科技。以技术工作为核心的工程师们，每天都在学习最新的科技，促进工作的改善。有的熟悉科技的人认为："目前盛传的所谓 AI，只不过是以前开始的 IT 化事业的延伸而已。"

对于持有上述观点的人，我想提出一个严正的忠告，这种观点是不可取的，将严重危害最新科技的应用。作为研究工作方式的专家，我想谈一下自己的看法，让我们共同探讨交流吧！

让我们还是基于矩阵分析，沿两个方向进行比较思考吧。

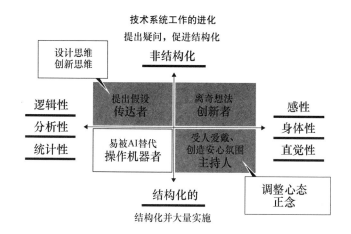

工程师 × 正念

对于工程师来说，进行逻辑性、分析性、统计性的工作是理所当然的事情。那么，真的需要让这些工程师将工作重点转向感性、身体性、直觉性方面吗? 逻辑和感性，哪个更为重要呢?

在培训过程中，常常有人问到上述问题。这时，我的回答是哪个都很重要，似乎有点儿像禅门问答似的，让人莫名其妙、不知所云。不过，这个问题本身就非常有逻辑性，只好如此作答。我们正处于复杂而难以找到正解的时代，故而感性变得与逻辑同等重要。

有的公司认为:"对于工程师来说，不仅是逻辑，由感性产生的创造性和身体感觉也是非常重要的。"其中最具代表性的公司就是 Google。

您听说过正念(Mindfulness)这个词吗? 很多书里都已经做过介绍，这里只做简单的说明吧!

所谓的正念，我的理解是吸纳了东方禅学和冥想技法的心理调节方法。说到冥想，也许有的人会认为带有宗教色彩，产生抵触情绪。不过，就当是一种心理训练方法看待即可，不必多虑。

在 Google，正念已经成为最具人气的公司员工培训项目之一。我在硅谷对高中生进行演讲时，学生们说授课时已经在学禅修与正念的课程。东方诞生的方法竟然在美国受到了极大的重视，实感有点儿意外。

做正念训练时，老师会要求："现在请将意识专注于这里，按照看见的状态予以接受，进而调整您的心态。"它是提高对自己身体和感情状态注意力的一种心理练习方法，如果能够纳入您的日常生活，将有助于促进您的工作方式向感性、身体性、直觉性方向转变。

我也在学习正念，我的主要体会有两点：一是哪怕是一小会儿也可以，请纳入您的日常生活之中；二是千万不要寻求找到正确的答案。

说起禅修和冥想，很容易想起寺庙长廊坐禅的景象，在公司的办公室里实在是没有坐禅的地方。不过，冥想则对场地没有严格要求，随时在哪里都可以做一会儿冥想。

比方说我自己，常常是在电梯上做一会儿冥想。闭上眼睛、做深呼吸、将意识专注于自身的状态，尽管是一小会儿，也会无意中感觉到心理状态得到了调整。

每个人的感觉会各不相同，正是因为每个人的感觉各不相同，才要求您千万不要寻求找到正确答案，只要重视自己的感觉就好。

常常有人问我："变成怎样的状态，才能算是心理得到了调整呢？"当您要寻求正确答案时，说明您又回到了逻辑性的、分析性的状态。

所谓冥想，是由体验感知的智慧（体验智慧）。日常生活中冥想体验积累到一定程度，就会产生"无意中心理状态得到了调整"的感觉。

对于交货时间非常紧急、从事高水平开发的工程师来说，日常调整心理状态的体验积累是非常重要的。当接到管理团队开发AI 应用商品的指令时，就会感到自己必须从事面向未来的工作，问题是眼前的业务又堆积如山。

必须同时处理多项工作时的状态，称为多项任务处理状态，这种状态下会愈发显示出正念的效果。

请试想一下，处于焦急慌乱状态的您和心理状态得到调整的您，哪种状态更能发挥出您的能量。虽然也有逼入窘境时的蛮力发挥，但是如果人总是依靠这种蛮力，早晚身心会疲惫不堪的。

"工作 24 小时如何？"的时代已经结束了，我们生活在寿命和退休年龄都在延长的时代。为了能够长期稳定地发挥出自己的能量，调整好自己的心理状态是一件非常重要的事情。

　　加拉帕戈斯公司是我的一位朋友经营的风险企业，在他们公司，已经成立了正念学习会，大家共同学习工程师的冥想——正念。工程师们一边阅读最新的 AI 论文，一边开发和装备深度学习技术，是一家具有极强开发能力的风险公司。这家风险公司的工程师们根据自己的体会，自发地提出了"都来做冥想吧！"的倡议。他们在学习会上使用的幻灯片，已经在网上公开，大家可以观赏学习一下（可以用加拉帕戈斯 工程师 冥想搜索观赏）。

工程师 ×（创新思维 + 设计思维）

　　技术人员要想扩展自己的创意能力、提高自己构建假设的能力，我所能提出的有效方法就是创新思维和设计思维。

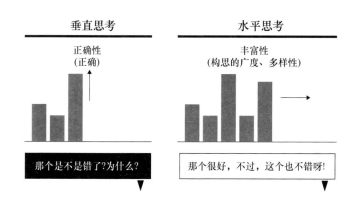

垂直思考与水平思考

创新思维又称为水平思考，是相对于逻辑思维反复提出"为什么"的垂直思考而言的，它使人的创意逐步跳跃性扩展。逻辑思维是技术人员必须具备的能力，这一点许多人都很清楚。不过，能够注意到创新思维重要性的技术人员，恐怕是少之又少。

在创新思维的培训班上，擅长的人与不擅长的人，区别十分明显。擅长的人往往不拘泥于"正确答案"和"常识"，会不断地提出新的创意；相反，不擅长的人往往受到"正确的答案是什么？""那个真的有效吗？"之类的垂直思考束缚，很难跳出以往的框架范围，构思无法扩展。以上是松林博文先生在他的《创新思维》一书（钻石社出版）中提到的见解。

矩阵右上领域——产生离奇想法的创新者当中，擅于创新思维的人很多。如同逻辑思维是可以通过锻炼提高的技能一样，创新思维也是一项可以通过反复练习获得提高的技能。

设计思考的5个步骤

步骤1	Empathize(同感、理解)
步骤2	Define(定义、明确化)
步骤3	Ideate(开发、想象)
步骤4	Prototype(制作原型)
步骤5	Test(试验)

目前，许多公司在培训逻辑思维能力的同时，也将创新思维纳入正式的培训课程，不难想象，具有创新思维的工程师将持续大量地涌现出来。

还有一个值得介绍的设计思维的思考方法，那就是由位于硅谷的斯坦福大学倡导的促生创新的思考方法。

如果用一句话概括，就是深刻剖析现场用户的想法，经过反复的尝试和错误，高速生产出超过用户想象产品的构思手法（引自斯坦福大学 d.school 及 IDEO 的资料）。

听起来似乎是挺复杂的思考方法，实际上是日本企业原本最为拿手的工作推进方式——"不是在办公室冥思苦想正确的答案，而是在现场实际感受、边动手边改进。"不过，许多企业由于过度追求绝对的高品质，限制了思维空间，很难产生超出已有框架的创意，进而减慢了开发的速度。

硅谷的一位风险投资家说："不存在一开始就完美无缺的产品，创新来自于反复的尝试和错误过程，因此，只能提高速度。"言谈之中，一再强调了设计思维的重要性。

设计思维也是一门通过体验才能获得的学问。学过之后，建议一定要和同伴到现场进行尝试。

提到创新与设计，也许很多人会认为与设计师、营销师之类的工程师相距很远。

但是，如今已是咨询公司也会收购设计公司的时代了。技术人员不能满足于做技术专家，要将科技和想法（有时甚至是幻想）结合起来，扩展自己的创意能力，这才是一位努力进取、思路活跃工程师的进化秘诀。

逻辑性、分析性、统计性的工作交给 AI 去做，让工作充满乐趣；要学会享受创造力这一人类特有的工程师的乐趣。在 AI 时代，上述两个方面是技术人员幸福工作的重要课题。

风险企业与自由职业者的合作，加速开发进程

速度是 AI 开发非常重要的因素。也许是受此影响，引领 AI 化潮流的大多是风险企业。考察实际状况，大型企业和风险企业合作开发的例子是比较常见的。

例如，2016 年 12 月，NTT 数据和 AI 风险企业——LeapMind 共同宣布，两家企业将合作开发下一代社交媒体解析工具。

当然，大型企业里也有很多的 AI 研究人员，为什么还要和风险企业合作呢？某 AI 风险企业经营者的解释回答了这个问题，他认为三个因素决定了两家企业合作的必要性，即速度、视野扩展、成本。

在大型企业，肯定是要存在各部门之间责任分工的，虽然必要，但是也成了推进事业进步的壁垒，常常成为减缓开发速度的主要因素。相反，风险企业却不存在部门壁垒，大家合力工作，全速推进开发进程，开发速度是风险企业的强项。大型企业与风险企业合作，可以有效提高开发速度。

在视野扩展方面，大型企业研究人员的知识深度是毫无疑问的，但研究领域狭窄，难免陷入钻牛角尖的状况。大型企业非常注重研究人员应当成为某一特定技术方面的专家，反而限制了视野的扩展。

为了扩展研究领域，需要阅读论文的原文。随着 AI 的进化，AI 的算法也在不断进化，AI 的研究员们，经常会找到最新的论文，寻求可以使用的新的算法。一位特别优秀的研究员说："最近中国在这方面的论文有了很大的进步。"

AI 风险企业的 AI 研究人员较多，掌握着最新的技术，研究领域十分广泛，与大型企业合作的案例越来越多。

在开发成本方面，如果依赖公司内部或委托关联子公司进行开发，似乎开发费用更高，这已成为大型企业的难言之隐，令人颇感意外。如果与公司之外的风险企业合作能够换来加速开发、扩展领域、降低成本的效果，何乐而不为呢？这正是大型企业和风险企业合作开发案例增多的真实背景。

但是，大型企业与风险企业或自由职业者团队的合作，并非完全是由于上述的负面因素。推进工作的方式及价值观不相同的研究人员在一起工作，可以互相学习，各有收获，有利于开发事业的成功。

例如，与其在会议室里学习创新思维和设计思维，恐怕还不如与习惯于灵活工作方式的人一起工作学得更快、效果更好。

大型企业的客户往往也是大型企业，大型企业不应过度期待来自风险企业的营业交易效果，而应该鼓励工程师们经常与风险企业的技术人员进行交流，获得其他方面的效益。

模拟数据里隐含着许多有趣的东西

持有大量的数据和灵活应用数据，是 AI 时代商业成功的关键。说到持有大量数据的公司，自然会首先想到 Google 等全球性 IT 公司。不过，它们持有的数据，不过是上传到网上的数据而已。

以我的数据为例，上传到 Facebook 或网页的数据，在网上是可以查到的。我早上几点吃什么？几点去了厕所？大便通畅与否？是不是有点便秘？等等，如果不主动上传到网上，Google 是不可能知道的。

正是这些模糊数据，具有极大的应用价值，现实生活中，类似的庞大数据往往没有得到整理分析，未能得到很好的应用。

所以，在 AI 时代，如何自然收集这些闲置的、用户庞大的模糊数据，开发出用户需求的产品，使用户的生活更便利、更舒适，是 AI 技术人员面临的重要课题。

例如厕所，如果厕所本身可以自动进行排泄物的成分分析，会产生怎样的价值呢？恐怕厕所会自动告知您的身体是否健康、身体是否有所不适等信息！按照目前的常态，如果不是因病诊断或者进行身体健康检查，我们是无法了解自身的身体状态的。

虽然医院持有大量的疾病数据，但是关于个人的健康数据，却没有人掌握。

但是，如果卫浴企业能够打消客户的羞涩心理和隐私顾虑，提供便利、舒适的服务，结果又会怎样呢？假如作为每天提供健康数据的回报，能够买到便宜的、适合您身体的膳食补充剂时，不也是值得一试吗？

现场的数据里有藏宝山，工程师们不应只是关注产品的功能，更应该亲自到现场，深入了解用户的使用方式，开发出用户感觉更便利、更舒适的产品。

AI 发达的时代，更需要认清我们自己

在与许多 AI 研究人员会晤过程中，我发现他们都有一个共同点，那就是对人的浓厚兴趣和好奇心。某 AI 研究人员的话给我留下了深刻的印象。他说："随着对 AI 思考的深入，愈发使我想要探求'人究竟是什么'的问题，与其说我是 AI 的研究者，还不如说我是人的研究者。"

Recruit 人工智能研究所的阿朗·哈勒维所长在硅谷接受我的采访时说："我们之所以应用 AI，最终目标是要使人们更加幸福。"

根据斯坦福大学关于幸福学的最新研究成果，影响人类幸福的各种因素中，先天性因素占 50%，后天性因素占 50%。后天性因素中，物质性因素占 10%，精神性因素占 40%。通过这些研究，已经弄清了人类所能追求的"精神性幸福"时代的相关要素。

哈勒维所长列举幸福学研究成果和正念的案例后指出："记忆和计划是 AI 擅长的领域，人类索性就把这些事情交给 AI 去办，自己则专注于眼前的事情，让 AI 和人类各居自己擅长的领域，AI 一定会帮助人类实现幸福的最大化。"（引自 2016 年 11 月 7 日新闻周刊日本版中汤川鹤章的"科技假想"一文）

对于立志成为工程师的人们来说，创造出让人们幸福的产品和服务，恐怕是他（她）们内心深处的根本性渴求吧！随着 AI 的进化，工程师们如果能够专注于自己想做的事情，我们完全可以想象远超今日的幸福未来。

◆ 技术系统幸福工作方式的要点

☑ AI 的进化将影响所有行业，请竖起收听最新科技的天线吧！

☑ 工程师应该具备由感性产生的创造性和身体感觉，最具代表性的公司是 Google。

☑ 为了培养自身感性、身体性，请开始尝试正念或冥想吧！

☑ 每个人的心理调整感觉各不相同，请不要寻求正确答案，而是从亲身体验中找到感觉吧！

☑ 逻辑思维是非常重要的，扩展创意的创新思维也是非常重要的。

☑ 对于工程师来说，创新和设计是非常重要的，请将幻想和科技很好地结合起来吧！

☑ 创造风险企业、自由职业者和大型企业共同工作的场所，相互学习快速开发的诀窍和灵活的创意方式。

☑ Google 没有的模糊数据是巨大的宝藏，请与现场客户多多交流吧！

☑ 如果能够深入了解 AI，就能够深刻理解人类，对人的好奇心将是您研究的能量源泉。

☑ 为了创造出能给人们带来幸福的产品和服务，请工程师们灵活应用 AI 吧！

④ 事务和管理系统

最后来探讨一下事务和管理系统方面的工作吧！

根据前面提到的日本政府报告，事务和管理系统工作被定义为后台办公系统工作，将逐步被 AI 或全球外包业务所替代，无论变革成败与否，从业人数减少是毫无疑问的。在应用 AI 的变革脚本里，预计从业人数减少 143 万人，事务和管理系统的工作将面临十分严峻的未来。

与制造现场相比，日本白领阶层的工作效率是较低的，这一点历来受到日本社会的诟病。为了解决这个问题，社会也做出了许多努力。

为了提高事务工作的效率，2000 年前后开始引入了 IT 系统，政府提倡的工作方式改革方案，重点强调了从事事务工作白领的工作方式改革。

尽管如此，还是依然如故，基本没有什么改变。

从事事务和管理系统工作的人们认为："重复做同样工作的时候太多""残留了许多低效率的业务，工作方式得不到改进，效率依然很低。"虽然引入了 IT 系统，但是工作方式和结构本身没有发生变化，这似乎是工作效率依然低下的根本原因。

但是，为了保证社会顺畅发展，在后台拼命流汗工作的正是这些事务和管理系统的工作人员。所以，在与 AI 合作过程中，他（她）们的工作效率将得到更大的提高，他（她）们将更多地享受到工作的乐趣。为了创造美好的未来，请拿出我们的智慧吧!

为了促进事务和管理系统工作的进化，关键是如下三点:

① 从前例沿袭型转向未来志向型。

② 不能只看数据，还要看人。

③ 从成本中心转向利润中心。

从前例沿袭型转向未来志向型

事务和管理系统的工作往往容易陷入前例沿袭型。如果简单地说出理由的话，就在于事务和管理系统工作具有极强的躲避风险倾向。"没有过错是理所当然的！""失败了会受到批评，成功了也很少得到表扬。"事务和管理系统工作的这些特点，决定了它的保守性，也是可以理解的。

谈到错误的发生率，前面也已经多次提到过，AI优于人类。

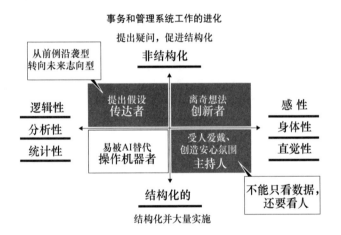

事务和管理系统工作的进化

例如，文件核查、数字核查等工作，即使处理再多的业务、即使每天都在重复同样的业务，AI也不会产生厌烦情绪，也不会疲倦，这类工作交给AI去做不是更好吗？如果参照矩阵图，就是图中左下AI擅长的领域。

如此解释，也许有人会问："道理是明白了，不过，要想改变一直沿袭下来的工作方式,实在是太难了。"

在以人事系统工作人员为对象的科技应用工作技巧培训班上,作为让 AI 完成的代表性业务——文件制作和文件核查,每期都要传授。文件的制作也好,文件的核查也好,都可以让 AI 去做。于是,学员们的不同想法出现了:"这个工作不靠人,AI 也可以做了吗?""哇……已经不用我们制作文件了呀……"一位人事工作人员突然意识到这个事情后,脸上流露出干笑。虽然大家都已经了解了 AI 的上述功能,但是工作方式却依然如故,难以改变。

所谓前例沿袭,是指沿袭目前为止的工作方式,因而也容易沿袭目前为止就是这么干的已有概念;所谓未来志向,是指捕捉未来的变化,改进自己的工作。未来志向需要巨大的能量推动,况且,在改变事务和管理系统工作人员担当的业务、处理组织结构和工作规则时,会对许多人带来影响,实施起来需要巨大的勇气和能量。

正因为如此,这种打破现状、面向未来的工作,只有人才能完成。思考事物的根本、带领人们参与改革、最终做出决策,AI 是做不了这些事情的。率先挑战 AI 不擅长的领域,是推动事务和管理系统工作转向图中矩阵左上领域的关键。

要想成为未来志向型人才,需要了解世间变化动向,要掌握科技进化的现状、什么样的业务可以委托 AI 去处理等最新的潮流,努力预测未来。

在 AI 时代,事务和管理系统工作的进化过程依然需要经过了解、使用、创造三个步骤。

例如，现在已经开发出了应用 AI 的图像解析技术读取公司手写文件的服务项目，开始投入运营。因为是按文件数量多少收取费用，所以输入费用也相对便宜不少。

在会计业务方面，资金先锋（freee）的服务项目是非常有名的，有的风险企业，已经不再设置会计职务了。利用"Misoca"服务、自动制作结算清单的企业也在增多。如果用"后台办公系统　高效化　云"等关键词搜索，会发现许许多多最新的 AI 服务项目。

但是，选择适合于自己公司的服务项目，是一项极为困难的事情。尽管答案是使用过才能知道是否合适，在一个大型的组织里，您很难说"请干脆用一下看看吧！"因为会影响到许多人，不能轻易做出决定，所以面临着如何才能引导很多人参与的问题。

以前引入 IT 系统时，也曾经面临过同样的问题。人们感情上不愿意改变工作方式。甚至在事务和管理系统工作的员工，当接到领导应用某项服务的业务命令时，普遍怀有很强的抵抗情绪。所以，在事务和管理系统，探讨引导很多人参与这场改革，是需要人来做的重要工作。

不能只看数据，还要看人

引导人们参与，单靠逻辑是行不通的。无论如何符合逻辑，只要人们怀有"不能赞同您说的事情"的抵抗情绪,事情就无法顺利进展,这一点我们大家都是十分清楚的。

为了引导组织成员参与,感情交流是必不可少的。所以,不能只是管理数据,更要注意看人,这也是推进事务和管理系统工作转向矩阵右下领域的关键。

如果说到会计财务工作,不单是管理成本数据,更要思考如何降低成本,这才是会计财务工作的本质。不过,降低成本对谁来说都不是一件值得高兴的事情,都会尽量使自己部门的预算保持上一年的水平,这也是人之常情,是可以理解的。

这时,最需要的是对话的场所。在确定了全公司成本削减目标后,大家坐下来进行对话,不是思考如何将分担指标推给其他部门,而是探讨各自为削减成本能够做出怎样的贡献。建导(Facilitation)[⊖] 对话的工作,是会计财务部门的责任。"为了削减各部门的成本,大家看看自己部门能够做出怎样的贡献?"对话应该从这样的提问开始,不能只看数据,还要看人,要做好感情交流。

谈到后勤工作,管理办公用品只是工作的一部分,努力思考创造舒适的工作场所才是后勤的根本性工作。花钱装修整洁的食堂、削减清扫公司的成本等工作,都是理所当然的事情,更为重要的是努力思考怎样的工作场所才能让员工更加愉快地工作,要

⊖　是指通过创造他人积极参与形成活跃氛围,从而达到预期成果的过程。
　　——译者注

率先创造员工相互对话的场所。

创造员工相互交流的场所，是只有人才能做到的工作。在洗手间里插上一束花，虽然是一件很小的事情，员工却会产生舒适愉快的感觉，这就是人类所具有的感情。不要只是关注"谁来管理这盆花呢？"之类的工作负担问题，而是和喜欢花的员工一起管理、共同享受工作的乐趣。思想能达到这个境界，说明您已经开始采用新的工作方式了——关注的不只是数据，更在意人的感情。

谈到人事工作，不应只是管理辞职者数据，更应该思考预测辞职率及相应的应对方案，这才是人事的根本性工作。以前，人事工作的重点是研究员工辞职后的应对方案。如今，如果能够引入学习过辞职者数据、建立了预测模式的 AI，就可以事先预测应该跟踪哪位员工的具体状况，在问题发生前进行面谈，防止出现不好应对的被动情况。

归根到底，AI 所能做的只是数据推测。对于工作出现烦恼状况的员工，能够在感情上给予理解和鼓励的，还是要靠具有感情的人——共同工作的员工。

应用 AI 改变工作方式是一场变革，为了使员工能够积极参与这场变革，建立公司内部对话的场所，引导员工相互交流，自然是事务和管理系统工作人员义不容辞的责任。为此，事务和管理系统应该率先垂范，开始挑战 AI 应用的变革难题。

AI 的应用，将成为实现工作方式改革的方法之一。

从成本中心转向利润中心

谈到管理部门，是没有销售业绩而只产生成本的部门，被称为成本中心。通过 AI 的应用，也可以进化到产生利益的部门——利润中心。

这是为什么呢？这是因为进入 AI 时代，预测模式学习了业务过程中收集到的数据之后，也可以创造出价值。

例如前面提到的"辞职率预测模式"，对于同样苦于辞职者的同行业其他公司来说，也有可能产生"如果适合我们公司，我们也要引进"的想法，这里隐含着推广到其他公司的应用价值。公司内的数据，一直是让人头疼的累赘，在 AI 时代，则有可能变成宝藏。

已经出现了挑战上述变革的案例。在我咨询的一家商社里，将员工到人事部门询问的问题和回答内容数据化，开始开发类似琳娜的自动应答聊天室。

在员工提出的问题中，很多是各家公司共同存在的问题，如"请您告诉我海外出差相关的手续问题好吗？"等等。如果能将这些数据尽早让 AI 学习，开发出"人事咨询热线 AI"，或许能够成为很受欢迎的服务产品，创造出新的商机。

当然，AI 服务专业公司也可以开发出同样的服务项目。不过，从事人事工作的人们开发出的成果，用同样是客户的人事工作人员的生动语言解说，其说服力是不言而喻的。而且，在自己公司的使用过程中，也可以经常升级服务项目，提高 AI 水平。

世上存在着许多相同的服务项目，"人事部门的实践成果，人事部门在使用！"仅此一个宣传点，对于其他公司的人事部门来说，一定会有很大的诱惑力！

通过与其他公司的合作，创造价值

以前，提到事务和管理系统，通常认为是在公司内工作，今后将越来越要求外出工作。外出并不是做营销工作，而是要不断促成与其他公司合作的机会。

按照传统的想法，将公司内数据与其他公司共有之类的事情，从安全性考虑，完全是不可能的。不过，在进入了 AI 时代以后，应当考虑通过数据共有创造出新的价值，也是今后工作的重要课题之一。

要彻底改变想法，由"以前没有过"转向"今后还可能有这种做法"。如果达到了这样的思想境界，就可以踏入图中矩阵右上的创新者领域。

例如，招聘活动就是容易产生合作的工作。有的人虽然与自家公司无缘，但是却有可能是别家公司十分渴求的人才，这种情况在招聘现场会经常出现。到婚介公司应聘的精力充沛的女性较多，男性却不多见；机械制造企业虽然很想招聘女性，应聘者却全是男性。

如果这两家公司能够合作，双方都会收益。但是在招聘现场，大多都是怀有"怎么可能帮助其他公司？"的想法，公司之间互不来往。

对于招聘新毕业生的业务来说，最容易陷入前例沿袭型。我从事聘用咨询工作已经有 15 年了，2000 年开始应用人才导引系统进行招聘活动以后，感觉招聘业务几乎没有什么进化。

集合了许多的报名者、管理着庞大的报名表、召开说明会、进行面试，最后确定内定者，这样的工作结构本身没有发生任何改变。而且，招聘新毕业生时应用的科技，15 年来也基本没有什么改变。

人才导引系统管理着收集到的大量应聘者资料，通过电子邮件与应聘者进行交流，每年都在毫无变化地进行着常规的招聘活动模式。

应届毕业生招聘活动的客户是新毕业生，这些新客户每年都在发生整体变换。对于想要就业的学生来说，每年都是初次参加应聘，招聘方即使是采用与去年相同的招聘方式，对于学生们来说也都是初次。如此一来，必然促使招聘方产生"还是按照去年的办法就可以了吧！"的想法。这就是每年都在毫无变化地进行着常规招聘活动的原因所在。

但是，从科技角度观察，AI 的进化将极大促进招聘活动的进化。让 AI 学习本公司的人事评价数据，可以将本公司需求人才标准模式化。而且随着商业环境的变化，AI 可以经常升级模式，以适应新的需求。

通过本公司人才标准模式与应聘者资料的对照比较，AI 首先确定优先选择的学生对象，然后采取进一步的招聘行动。

这个人才标准模式，或许会成为其他公司渴求的珍贵数据。如果公司间能够共有人才标准模式，或许能够相互启发，招聘到自己公司以往没有过的人才类型。

管理和竞争的对立面是创造和合作

前面讲过，事务和管理系统工作转向"之前不可能存在"的方向，是 AI 时代幸福工作方式的关键。

为何要彻底改变我们的想法呢？前面提到的日本政府报告里已经明确指出："后台办公系统的从业人数，无论变革成败与否，减少是肯定的。"为此，如果依然做着与以往相同的工作，那不是自取消亡吗？

或许是管理这一职业名称确定了该项工作的已有概念。现在，已经出现了跳出此已有概念的参考框架。

那就是由美国密歇根大学商学院的安佳 .V. 扎柯尔于 2000 年提出的"组织的 4C"。控制（Control）的对面是创造（Create），竞争（Compete）的对面是协作（Collaborate），将管理和竞争领域的工作称为管理（Management）。

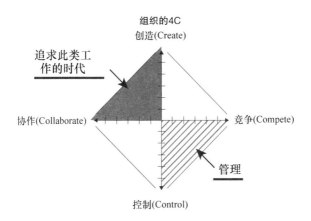

这个框架给我们展示了未来事务和管理系统的工作结构，由此可以预见：今后，事务和管理系统的工作不能继续局限于管理上，更多的应该是创造性的、协作性的工作。

当然，不可能马上就把所有工作都交给 AI 去做，进化到那种程度，还需要很长的时间，或许会超出人们的想象。不过，也许会在某一时刻开发出非常有用的 AI 服务项目，瞬间完成工作替代。

未来的事情是无法预知的，眼前需要我们做的是重新认识自己的思维方式和应有状态，要知道，AI 时代已经开始了。

◆ 事务和管理系统幸福工作方式的要点

☑ 由前例沿袭型转向未来志向型，技能可以传承，已有概念不可传承。

☑ 单靠逻辑是无法顺利创建公司结构的，引导大家共同参与是需要人类做的工作。

☑ 不能单靠数据资料进行管理，要具备建导对话来解决问题的能力。

☑ 让 AI 学习自家公司的数据，创建预测模式，从而创造价值，使得管理部门由成本中心转向利润中心。

☑ 事务和管理系统率先垂范，创建与 AI 协作的场所，应用 AI 是实现工作方式改革的手法之一。

☑ 不仅是管理和竞争，要转向创造和协作的后台办公系统，首先从转变想法开始！

在 AI 时代，应当挑战一直是我们对立面的工作

我将职业分成四大类，具体讲述了为了适应 AI 进化、如何进化我们的工作和工作方式。为了便于理解，简单将职业分成了四大类，分类讲述了每种职业需要进化的事项，实际上也是所有职业都应该进化的共同事项。

在 AI 时代，应当挑战一直是我们对立面的工作。

对于营销和销售系统的工作人员来说，与人接触工作的对立面的工作就是与数据做朋友；对于身处制造系统的工作人员来说，缩短时间、提高效率的对立面就是延长感情交流的时间；对于技

术系统的工作人员来说,逻辑性工作的对立面就是感性和直觉性工作;对于事务和管理系统的工作人员来说,要由前例沿袭型工作转向未来志向型工作、由成本中心转向利润中心。

当时代发生变换时,一直是非常重要的事情,也可能突然逆转成毫无价值的东西。

在大富豪这一扑克牌游戏中,四张牌一样时叫做"革命"。革命发生时,一直是大牌的 K、Q、J 变成小牌、原来越小的牌则变得越大,形势一举逆转。看看我们的现实世界,眼下正在进行的第四次工业革命,正在导致时代发生变换。

但是,与扑克牌游戏不同,现实世界的革命起点不是自己,而是自己无论如何都无法控制的庞大的社会现象——科技的进化。

正因为如此,我们往往会认为自己毫无办法,只能当旁观者。从人的情感理解,也是很自然的事情。不过,我们也有自己能够做到的小小革命,那就是挑战一直是我们对立面的工作。对变化越敏感的人,越会率先进行挑战对立面工作的实验。

那么,您会从哪里开始呢?

第 3 章

组织的领导，应该如何进化

现实世界、包括商业的运作方式，都在发生着巨大的变革。在这场变革中，对组织领导的要求也在发生着变化。在 AI 时代，对领导的要求是什么呢？通过应用 AI，应当创建怎样的新型组织呢？让我们做一下具体探讨吧！

AI 时代，组织领导需要做的三项工作

在第 2 章，将各个职业分门别类，讲述了每个人应该如何改变工作方式，适应 AI 时代的要求、幸福工作的问题。

在第 3 章，我们将重点探讨组织机构的领导应该如何适应 AI 时代的新变化，成为一个合格的新型领导。

简单地说，AI 时代要求领导具备三项能力。

① 不断学习最前沿的科技。

② 率先垂范应用 AI。

③ 引导公司内各类成员参与 AI 的应用事业。

关于第①项，前面已经讲述过了，遵循科技的了解、使用、创造三大步骤，是 AI 时代对所有人的要求。作为领导，在了解和使用科技方面，更要做出模范姿态。

以前，通常是将 IT 相关的工作交给 IT 部门办理。但是，AI 时代则完全不同，在 AI 影响所有的行业、事业、工作的过程中，领导再也不能置身于科技之外了。

在 20 世纪，营销和金融被认为是领导必须学习的课目，这两方面的工作是推进经营进步的巨大力量。所以，在商学院的授课中，经营战略、市场营销、会计、金融等课程，是必不可少的课目。

当然，上述方面的知识对于今后的工作也是不可缺少的。不过，在今后的工作中，科技是领导必须学习的追加课目。在 21 世纪，科技将是推进经营进步的最重要因素。

实际上，在我的母校——GLOBIS 商学院，2016 年已经开设了将科技和创新结合而成的新课程——科技创新。

当然，要求领导学习科技，并不是要求他们都达到可以编写程序的水平。如果能够自己编写程序，自然是再好不过的事情，但要是要求所有的领导都达到那样的水准，也是不现实的事情。

对于领导来说，重要的是能用共同的语言与工程师对话。

例如，为了提高公司的工作效率，准备应用 AI 时，如果不知道 AI 进化的现状、AI 能做什么、AI 不能做什么，就无法委托工程师工作。自己不了解 AI 知识，只是安排工程师们思考做出提案，他们是不会很好地跟随您工作的。

这就如同自己不了解营销业务、完全委托下属拿出营销方案一样，下属是不会信服并跟随您工作的。虽然技术细节部分的工作委托工程师去做就可以了，但是确定大方向的工作还是需要领导拍板的。

如果领导对科技无知、漠不关心，在做大的意见决策时，往往容易犯错误。

当思考新的商业模式时，科技知识是必不可少的。而且，由于科技的进步日新月异，要经常学习补充新知识。

我每周都在参加科技学习会，即使这样，也会经常有"啊！连这样的事情 AI 都能做了吗？"的感觉。第 1 章里已经介绍过了，即使不能参加最新知识的学习会，网上也有很多的信息，应该养成利用空闲时间经常补充最新新闻信息的习惯。

读过日本经济新闻有关 AI 和 IoT 的报道以后，如果能够用自己的语言描述出这项新的服务项目是由什么技术组合而成的，说明您已经具备了理想的 AI 知识水平和学习习惯。

在公司内部，率先引导应用 AI

第②项要求领导率先垂范应用 AI。那么，领导在实践中应该如何做出表率呢？最有效的办法就是不断积累领导 AI 应用项目的实践经验。即使不能以领导者的角色工作，只是参与其中也是一种学习，也会积累知识和经验。

下面介绍一些具体的案例吧！

设立学习最先进科技的学习场所

我在一家大型企业，从科技的角度，针对"组织开发和领导人培养"进行咨询工作。要想开设 AI 应用项目，第一重要的是消除员工之间的科技信息差距。所以，我最先开始的咨询项目就是设立了公司员工学习 AI 最前沿知识的学习会。

从事 IT 事业和新型事业开发的员工，了解许多与工作相关的科技信息。但对于其他方面的员工，大多不了解科技发展的最新状况。所以，首先要让他（她）们了解"AI 已经能够做什么事情了？"之类的知识，迫切需要建立一个学习场所。与其一味煽动"今后，我们的工作将逐步被 AI 替代。""请做不能被 AI 替代的工作吧！"之类的观点，增加员工的危机感，还不如传授 AI 的进化现状知识，以减少员工的盲目不安情绪。因此，让我们开设学习会，用通俗易懂的语言讲解 AI 相关的知识吧！

在学习最新的 AI 知识以后，要让员工思考"您想让 AI 代替自己做哪方面的工作？"应当从以下三个角度思考委托 AI 来做的工作：

① 厌烦的角度：这个工作，每天都要重复操作，能不能让 AI 学会？

② 不想干的角度：这类工作真地需要认真去做，但是要靠人做的话，花费工时太多，真心不想干，多找一找这类工作。

③ 数据的角度：观察和思考"公司内都有哪些数据？""什么样的数据可以让 AI 学习呢？"

集合了公司人事、后勤、IT 等后台办公系统的员工，举办了一个讨论会，结果，大家列出的业务如下：

• 公司内部资料的整理制作和核查。

• 员工个别询问的应对回复。

• 大量的数据检索、调出和整理。

引起我注意的是他（她）们希望将公司资料性业务交给 AI 去做的愿望，包括制作和核查两个方面。如果大家都那么想的话，与其让 AI 去做，还不如从取消业务的方向重新认识这些业务。从这个案例可以看出：如果谈起"想让 AI 做什么？"这一话题，必然牵涉到重新认识业务的过程。

讨论会上实际反映上来的声音

公司人事、后勤、IT等后台办公系统员工们的声音

① 公司内部资料的整理制作和核查　　希望将公司资料业务交给AI去做，包括制作和核查两个方面。如果大家都那么想的话，与其让AI去做，还不如从取消业务的方向重新认识这些业务。

② 员工个别询问的应对回复　　把只有人才能做的工作与可以委托给AI做的工作区分开来。

③ 大量的数据检索、调出和整理　　数据是宝藏，要研究如何有效应用？

举办科技创意研讨会，让 AI 工程师们相互交流

半天的讨论会就可以提出这么多有价值的东西，另选他日，花费一天的时间专门举办了一次科技创意研讨会。

研讨会前给员工们提出了研讨的题目：

① 关于将现今工作的一部分交给 AI 去做的看法。

② 关于创造新型价值，向顾客、同事、社会提供更好服务的看法。

并要求与会员工们写出自己的具体建议。

科技创意研讨会计划

10:10 ~ 10:15	目标共享（介绍活动目的，引导成员积极参与、努力合作）
10:20 ~ 11:30	介绍自己事先准备好的想法，1 人 3 分钟 ×20 名公司员工
11:30 ~	讲师、工程师传授知识，3 名工程师，1 人 20 分钟
12:30 ~	午间休息
13:30 ~	议论实现的可能性、影响力、重要程度，工程师参与各小组讨论
15:30 ~	对团队介绍的评议 5 分钟介绍 + 5 分钟质疑应答
16:30 ~ 17:30	讨论下一步工作

所谓创意研讨会，就是互相提出自己的创意，大家共同探讨包括实现方法等具体细枝末节。需要提示的是：一定要有熟悉 AI 的工程师参与，否则，提出的问题无法得到解决，只能成为画中饼。

在这家大型企业具体操作时，20 名公司员工参加，另有 3 名熟悉 AI 的外部工程师参加，这 3 名工程师分别编入各个小组参加讨论。对于员工们提出的想法，工程师们随即提出具体的建议，如"如果是那样的话，可以从这个角度思考""那个想法，可以采用这个方法实现""要想达到那个水准，以目前的 AI 技术是难以实现的"等等。

经过一番详细的讨论，到何时可以实现、用什么办法实现、成本如何、所需工时多少等细节"图像"，也就可以看得一清二楚了。

想到的事情，只有实施了才有意义

在常规的培训班上，通常是止步于思考。不过，好不容易产生的想法，如果不能实现，也就失去了意义。将自己思考的想法付诸实施，才能赢得 AI 应用的成果。我提出的号召是：Think to Make！（思考创造！为了创造而思考！）

在这家大型企业，我提出了 3 个题目：

① 招聘业务的 AI 应用。

② 进行员工能力数据分析，科学管理人才，合理配置职位。

③ 设立员工问询回复的自动化咨询台。

围绕这 3 个题目，组织员工和外部 AI 工程师合作，开始了 AI 应用项目的开发工作。

由于都是员工们将自己的想法付诸实施，他（她）们把开发工作当作自己的事情，认真对待。作为领导，这种让工作成为员工自己事情的过程，是非常宝贵的经历。而且，在与平时接触不到的工程师们进行合作的经验，必将有利于培养领导的科技能力。

随着 AI 应用的进步，组织内会产生对立和不安吗？

在推进公司应用 AI 的过程中，有一件事情必须引起领导的注

意，那就是随着 AI 应用的进展，组织内也许会产生对立和不安的
情绪。

我们可以将员工分成 AI 推进派、AI 兴趣派、AI 不安派和 AI
否定派四种类型，具体探讨这个问题。请参考下图阅读。

纵轴根据对科技的熟悉程度区分科技素养的高低，横轴根
据对科技的兴趣程度区分科技兴趣度的高低。其中，对科技熟
悉、具有好感的推进派，在传授科技的培训班上，态度积极、
发言踊跃。

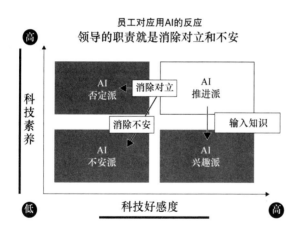

AI 推进派不仅熟悉科技，还喜爱科技。这是他们应用科技的
巨大能量源泉，他们会不断提出应用 AI 的新想法。他们对未来
信心满满，很少怀有自己的工作会消失之类的不安想法（实际上，
感觉他们从事的工作似乎也不容易被 AI 取代）。

AI 兴趣派虽然不太了解科技，但对科技的话题有兴趣，表现出"AI 都能做这样的事情了呀？""好想进一步了解啊！"等积极的态度。他们会向老师提问："想要接触最新的信息，应该浏览什么网站？"等等。

如果对科技有好感，无论是否熟悉科技，对组织管理不会带来什么问题，只要让他们学习就可以了。

当然，也有 AI 不安派，他们既不了解科技，也不喜爱科技。他们对最新科技话题表现出不安情绪，如"自己的工作消失了怎么办呀？""AI 将来如果能够支配人类的话，世界将会怎样啊？"等等。

用通俗易懂的语言进行讲解，消除他们的不安情绪，是我这样的讲师的责任。不过，要想改变他们的价值观，是我力所不能及的事情。我不能让一个人学习他所不喜欢的事情。所以，培训结束以后，AI 不安派的科技素养往往不会有太大的提高。

当然，也有熟悉科技，却对科技没有好感的 AI 否定派。他们会从知识层面否定 AI 的应用，说："目前还有别样的看法，还无法交给 AI 去做这个事情。"他们还会从感情层面上消极对待，说："无论 AI 怎样进化，如果现在的组织结构没有改变，最终还是英雄无用武之地。"

当然，那些人具有那样的"感情"，也是无可厚非的事情，因为感情是人类独有的东西。

对于像我这样的培训讲师，已经习惯于这种意见和感情对立的场面，我会接受他们的感情、认可他们不同的价值观，在此基础上，从不同的角度提出问题，使得学习或讨论进行下去。不过，如果是在通常的公司内部会议上出现这种意见不同的场合，您会如何应对、使得会议进行下去呢？

说句实话，对于知识层面的问题，用知识予以对抗的效果往往不会太好，会始终局限于谁对谁错的争论上，事情无法取得任何进展。在应用 AI 的过程中，组织内很容易产生意见和感情的对立，具备疏通好这些不同意见和感情的能力，是 AI 时代对领导的基本要求。

其实，这正是第 3 章开头所讲的 AI 时代领导应当具备的三项能力之一——引导公司内各类成员参与 AI 的应用事业。引导人的事情只有人才能做好，AI 是做不了的。

展望未来，提高关系价值

要想引导公司内各类成员参与 AI 的应用事业，必须做好的事情是什么呢？实际上就两件事情：一是说明为什么应用 AI 并展望未来的愿景；二是合理引导相互理解对方价值观的对话、提高公司内部员工关系的价值。

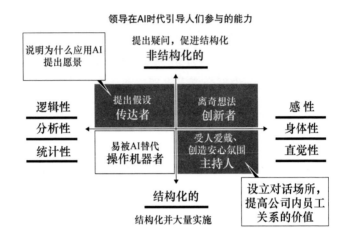

领导在AI时代引导人们参与的能力

说明为什么应用AI
提出愿景

提出疑问，促进结构化
非结构化的

逻辑性
分析性
统计性

提出假设
传达者

离奇想法
创新者

感性
身体性
直觉性

易被AI替代
操作机器者

受人爱戴、
创造安心氛围
主持人

结构化的
结构化并大量实施

设立对话场所，
提高公司内员工
关系的价值

不应将提高效率当作应用 AI 的目的

究竟为什么要应用 AI 呢？对于这个根本性的目的，在您的公司是否已经实现了共享？单纯宣传"要做不能被 AI 取代的工作吧！"之类的观点，是难以引导 AI 不安派和 AI 否定派参与 AI 应用事业的。所以，愿景是必不可少的。

但是，如果将 AI 应用的愿景仅仅局限于提高工作效率上也是不行的，提高工作效率只是手段而已，不是最终目的。通过 AI 的应用，究竟想建设怎样的公司？您想让员工最终采用怎样的工作方式？这些都与愿景相关，而且，只有合理的愿景才能够激发员工们积极参与 AI 应用的热情。

那么，那些积极开发 AI、推进世界应用 AI 的公司，它们倡导的愿景是什么呢？比如美国微软公司的理念是"以人为中心的AI"。不是让 AI 替代人类，而是让 AI 扩张人的能力。微软公司CEO 纳德拉先生说："思考什么是人的幸福，重点开发以人为中心的创意，推进 AI 的进步。"

本书的书名是《2020 年人工智能时代：我们幸福的工作方式》，也是源于同样的想法。

AI 可以使我们的工作变得更加有趣。而且，由于我们可以比以往更加专注于只有人才能做的工作，人们的工作会变得更加快乐！这也是我的 AI 应用愿景。作为领导，您的愿景是什么呢？

关系与成果的良性循环

麻省理工学院的 Daniel · H. Kim 教授倡导的一个观点是"关系与结果的良性循环"。

根据他的观点，我们虽然都有拿出成果的愿望，但往往忽视了这里有一个循环，如果不重视这个循环，永远也无法拿出成果。

Daniel · H. Kim 教授认为：要想提高结果的质量，必须提高行动的质量，为了提高行动的质量，必须提高思考的质量，思考的质量又取决于关系的质量。也就是说，要想拿出成果，提高关系的质量是最优先的条件。

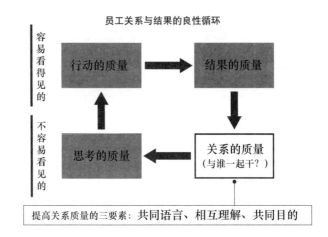

员工关系与结果的良性循环

提高关系质量的三要素：共同语言、相互理解、共同目的

我非常赞同他的观点。作为组织开发的顾问，我观察过许多组织的实际状况。员工关系不良的公司，大多业绩也一般，难以上升。而且，公司始终没有发现问题的根源在于员工之间的关系不良，总是把注意力放在提高行动的质量上，设定不合理的工作目标、长时间加班、员工们疲惫不堪。最终，企业陷入无论如何也无法提高业绩的恶性循环中。

关系无法用眼睛观察到，但它是确实存在的。

Google 发现的关系价值

Google 是世界领先的科技公司，正是 Google 发现了关系的价值。

2012 年，Google 开始了"亚里士多德项目"，在这项研究过程中，他们发现了关系的价值，纽约时报 2016 年 2 月发表了他们的研究成果。

Google 的工程师们分析了公司内各种数据，发现了提高生产效率的关键因素是员工的"心理安全感"（psychological safety）。

在一个具有心理安全感的职场里，员工之间相互存在信赖感，发言时不会担心受到团队其他人的冷笑、否定和责难等。他们经过全面详细的数据分析后得出结论：具备相互尊敬氛围的职场，生产效率最高。

所以，创建员工之间和睦的关系氛围，也许有点儿"绕远"，显示出效果需要时间，但一定会促进生产效率的提高，拿出高质量的成果。

如前所述，随着 AI 应用的扩大，公司内也许会产生对立和不安的情绪，影响公司员工之间的关系氛围。因此，领导应该重视关系的价值，主动创建对话场所，消除这些不良的情绪因素。

各个成员的价值观都有所不同，让他们相互理解、认可对方的价值观、建立良好的协作关系，绝非一件简单的事情。但是，正因为如此，这才是一件只有人才能够做好的事情。

那么，您想与谁、在什么样的对话场所开始您的对话呢？

AI 的应用，关系到领导的培养和工作方式的改变

作为组织开发顾问，找我讨论最多的题目有两个：一是下一代领导的培养；二是工作方式的改革。AI 应用恰好可以成为解决这两个问题的手段。

某家企业，为了培养下一代领导，已经开始让培养对象积极参与 AI 应用项目之中。接近 30～35 岁的员工们，通过学习科技，已经开始思考在自己的工作岗位应用 AI、提高工作效率、发现只有人才能做的工作。这种方式，或许会成为 AI 时代培养领导的定式。

改革工作方式，已经成为企业经营者最重要的课题。企业目前面临着缩短加班时间、创建不同立场的人能够自由发挥自己才能的组织、提高白领的生产效率等许多课题，要想引导解决这些课题，我认为最好的手段还是 AI 的应用。

目前工作的哪一部分可以交给 AI 去做？

人可以在什么样的工作上发挥自己的价值？

将目前的工作交给 AI 之前，对原本业务的哪一部分过程需要重新认识？

随着 AI 应用的开展，自然会产生许多疑问，这些疑问恰恰也是实现工作方式改革必须解决的问题。

在 20 世纪，通过组织化、企业化大幅度提高了生产效率。前

人们甚至不惜牺牲个人利益、追求整体生产效率的提高。正是因为他们的努力，使得我们可以生活在如此便利的世界。那么，今后我们应该向哪个方向发展？向更加高效率的方向？还是向追求内在幸福的方向？

当我注意到这个问题时，书店里已经摆放了许多类似"让内心变得更加丰富多彩"主题的书籍。根据这些图书的观点，21 世纪将是追求内心满足的精神需求时代。当然，眼前还是每天都受到一大堆繁忙工作紧追的日子。但是，我们必须庆幸地认识到：世间的潮流已经转向了思考"究竟什么是人的幸福？"的方向。

作为一个领导者，您想做的是什么呢？

第 4 章

人工智能时代新的工作方式模型

什么是 AI 时代创造价值的工作方式呢？能够给我们带来启示的是：探寻已经开始了未来工作方式和生活方式的角色模型。我选择了让人惊叹的三个角色模型，通过对他们的采访，会给您带来怎样的感受和怎样的思考呢？

本章，作者将介绍 AI 时代工作方式的几个案例。随着日本社会的老龄化、长寿化，政府在积极推进企业的工作方式改革。但是，如果个人意识不发生改变，是不会有什么作用的。

面对漫长的人生，过去的人生角色模型几乎没有参考价值。许多事情都在不断发生变化的今天，父辈时代有效的经历和人生选择，变得不一定适合您了。您将面临与父辈时代完全不同的选择，您的子女们也将选择与您不同的人生道路。

工作发生根本性的变化，生活也将发生大的变化。从这个意义上说，下面介绍的几个案例，可以说是关于新生活方式的一点建言。

3位案例的主人公都是个性丰富的人，都具有非常鲜明的工作和生活风格。

每个人的人生都是不同的，没有必要采取同样的生活方式。不过，我们可以学习他们的本质性东西，尝试改变自己的人生，就算是一点启发吧！

案例1：西野亮广先生

超越艺人领域的创新者

西野亮广先生1980年生于兵库县。1999年与梶原雄太结成漫才[⊖]二人组——KINGKONG组合。他的活动不仅仅限于搞笑，还以西野亮广的名义执笔连环画——《烟囱之城》（幻冬舍出版），成了超级畅销书，至2017年2月，销量已经突破了27万册。另外，还制作谈话节目和执笔舞台脚本，并在国外举办个展和进行演出活动，活动多姿多彩。2015年，以"世界的耻辱"为题，提出了解决"涉谷万圣节次日垃圾"的娱乐性解决方案。涉谷区区长、部分企业、500多普通市民参与活动，超出常规的解决方案得到了社会各界良好的评价，获得了广告奖——"创新传播奖（Innovative

---

⊖　是日本的一种站台喜剧形式，类似中国的对口相声。——译者注

Communication Award）"的优秀奖。而且，他还创办了"创建市区计划"和"创建世界第一快乐的学校"等展望未来的娱乐节目，受到观众喜爱，也令专业的节目制作者叹服。

先干起来才会产生疑问，

才会有创意！

超越艺人领域的束缚

我在东京每周都要参加科技学习会——TheWave 汤川塾的学习活动，我是在那里初次见到西野亮广先生的。那天学习活动的题目是"未来的工作方式"。超越艺人领域的束缚、想出那么多离奇的创意、引导周围人共同实践的西野先生的形象，完全是一个创业家的感觉，给了我很大的震撼。西野先生热情洋溢地向我讲述他的故事的时间是 2016 年 10 月 3 日，也就是在他的超过 27 万册的超级畅销书——《烟囱之城》即将发行之际。

到了 2017 年 2 月写作本书时，西野先生的名气大涨，已经是深受世人瞩目的名人了。大家也许会认为："那个呀！因为是名人，所以他的连环画才能取得成功。"听了他介绍的创作至发行过程，才知道绝对不会因为是名人，所有的事情就都会那么一帆风顺。

整个过程既有追随直觉的不懈努力，也有边行动边寻求合理行动姿态的苦苦探索。有了这两个方面的全身心投入，他才获得了成功。在 AI 时代，行动与疑问恰恰是我们必须具备的两种力量。

西野先生 20 岁时已经有了深受观众欢迎的招牌节目，是一位几乎每天都要出现在电视节目上的人气明星了，普通人认为他已经获得了成功。但是，西野先生在成功中却看到了"已有框架"的束缚，大胆开始了跳出"已有框架"束缚的行动。

25 岁时，他停止了电视台的演出。虽然具有冠名节目，收视率也不错，但是感到无论如何也超不过北野武先生和明石家秋刀鱼先生。足足有 2 个月，他什么也没干，结果被森田一义先生叫去，让他绘画。当时喝醉了，不知为何就决定干了。我说："那就试一试吧！"实际上什么事情都是这样，先干起来再思考嘛！

每天在电视演出的过程中，大脑里产生的各种"疑问"；听了森田一义先生的建议后，不是靠逻辑判断，而是凭直觉决定绘画的"行动"。都是象征西野先生是创新者的逸闻趣事。

艺人的定义并不是职业的名称，必须打破"必须这样做"的框架束缚。因为是艺人就要做漫才、就要到电视台演出、就要坐在舞台上吗？这种说法是错误的，必须打破这种说法！不是观察形势、等待时机，而是立即行动、让我们清醒振作起来吧！所谓艺人，我认为只是生存状态的名称而已。即将要退休的大叔，辞去公司工作，开设一家咖啡馆，他也是艺人啊！与其做那些已成定式的工作，还不如做没做过的事情更加有趣。

我们普通人看起来特别自由的艺人，竟然也有框架。当他想要摆脱框架、自由地生活时，西野先生却受到了前辈艺人的责难。他坚持自己的想法、不懈努力。结果，博客也火了起来。正因为他在艺人的工作上取得了成功，那里也就形成了阻碍他脱离那个环境的坚实的已有框架。但是，他还是坚持贯彻了自己的意志，哪怕有些蛮干，也要实现自己的进化，他抛弃了对自己来说最为便利的电视舞台，毅然开始了画连环画的工作。

超越连环画行业的框架束缚

西野先生下一个超越的目标是连环画工作和业界的结构束缚。他的疑问还在继续。

与森田一义先生交谈时，只是说要制作连环画而已。干起来后有了新的想法，觉得干就要干好，至少要胜过连环画家。不然的话，还不如继续干自己有兴趣的艺人工作。所以，西野先生首先给自己划了一条最低的目标红线，那就是战胜专业连环画家。

不过，正面一决胜负是毫无胜算的。绘画能力不如人家、不懂出版的技术性知识、没有出版相关的个人关系，环顾相关因素，没有一样能够胜过人家。想来想去，发现有一样可以胜过人家，那就是时间。所谓时间，就是创作一件作品所需的时间。对于专业连环画家来说，绘画是生计，要靠绘画吃饭，要靠绘画养活全家。但是，我就完全不同了，既不会有什么人对我有什么期待，也不需在乎绘画的收入多少，我有无限的绘制连环画的时间。这一点我是有胜算的。

确定用时间一决胜负以后，西野先生立即到文具店买了最细的笔。故事也写得较长，以便让创作作品花费的时间尽量长一点。

确定绘画的瞬间，产生了新的疑问——怎样做才能战胜专业作家？西野先生找到的办法是：多花一些时间。他的常规模式是：先行动，行动过程中产生疑问，然后再开始新的行动。

出版了 3 本书后，西野先生又有了新的疑问：连环画究竟是什么？为什么要一个人创作呢？再多也就是两个人，分别承担绘画和文字工作，为什么呢？

比如，电影是超细分工制。有导演，还有音响、照明、美术、化妆、演员，带着各自的特长集合到一起，共同创作一个作品。

只有那样做，才能创作出有趣的电影。不过，只有连环画是靠一个人创作的。

但是，即使是一张画，也可以分成画天空的工作、画建筑物的工作、画森林的工作、画出场人物的工作，还有涂色的工作，细分的话，业务内容有着微妙的差别。有的人说：

"要是说画森林，我是不会输给任何人的！"有的人说："要是画出场人物，那就是我了！"有的人说："虽然画不好天空，但是画建筑物可是不含糊的！"说到这里，假如集合专门画天空的画家、专门画建筑物的画家、专门画出场人物的画家，大家合作画一本连环画的话，难道画不出一本非常棒的连环画吗？

西野先生在投入大量时间一个人专心致志绘画的过程中，产生了一个疑问——为什么连环画需要一个人创作呢？受到利用 IT 技术在网上定制产品的众包业务启发，西野先生开始尝试在网上建立团队的行动，在这个行动过程中，又产生了新的疑问——制作连环画资金的筹集方式。

究竟是什么原因导致至今还没有协同制作的连环画呢？在考虑这个问题时，他明白了其中的原因所在。原来，连环画的市场很小，能卖到 5000～10000 册，就算是很热销了，无法投入很多制作费。所以，也就拿不出钱付给工作人员，只好一个人自己画了。

所以，他开始了募集众筹资金的行动。"我们将采取这种制作方式、需要筹集这么多的资金。"在网上全部公开了自己的打算。通过众包召集工作人员、通过众筹筹集资金，《烟囱之城》就是通过这种前所未有的方式创作的。同样是创作连环画，工作方式却与以往完全不同。

所谓众筹，是一项新的 IT 技术，通过这项技术，可以在网上公开自己的想法和所需资金数量，赞同您的人可以出资，众人共同出资支持您实现自己的想法。不断采用新科技，正是"西野式工作术"。

讲到这里，也许有人会说："因为他是艺人，所以自然可以很容易筹集到资金！"但是，这种想法未免有点草率。西野先生曾经在 SNS 上用自己的名字搜索，发现了大量的类似"KINGKONG 西野"的推特（Twitter），他直接给这些人发送信息，告诉对方说："我是西野，我现在正在做这种事情！"

所谓的"推特传播愿望"，已经过时了，SNS 作为传播媒体的作用，已经结束了。所以，干脆用"KINGKONG 西野"搜索，向每一个自称西野的人发送了信息。我发现：与其向 1 万人撒网，还不如向 1 万人进行一对一的 1 万次交流效果更好。

经过几次众筹以后，西野先生又对"钱"产生了疑问。

钱究竟是什么？他在考虑这个问题的过程中，又有了新的发现："所谓众筹，实际是将信用数值化的装置而已。"钱是将信用数值化的东西，无论是多么好的计划，如果缺乏根深蒂固的信用，也是无法筹集到资金的。所以，必须赢得信用，信用好，选择也会增多。

通过众包，35 位创作者分工合作，共同创作一本连环画，所需费用通过众筹募集。为了保证上述过程的顺利运行，首先需要采取能够赢得人们信赖的行动。在疑问和行动的反复运作过程中，诞生了《烟囱之城》。

不过，让我更为感动的是西野先生向社会发送自己作品的行动。他将亲自签名的书一本一本包扎好，写上收书人的住所地址，发给购书人。

在销量突破 27 万册的 2017 年 2 月 15 日，他在博客上写到：这次，拒绝了有人劝我"自己只是制作，寄送业务交给他人去做"的"放养"式的做法，亲自学习流通机制，对已有系统提出质疑，自己能够改进的，立即改进，努力建立坚固的运送连环画"导线"。

这里既没有博客的加盟，也没有商业炒作等浮躁的商业手段。

如果敲击键盘就能通过网络向许多人发送作品，真的想做那样的操作，不过，哪有那么容易的事情啊！

只能是努力，努力努力再努力！

设立销售网站，每天在 100 多本书上签名，在邮包上写好收书地址，安排寄送邮包。

西野先生发送的不是连环画，而是西野亮广这个男人的精神。

从西野亮广先生那里学到的 AI 时代的工作方式

西野先生身上有两个特质值得我们学习：一个是有意识地超越已有概念的框架；另一个是通过行动产生疑问。

西野先生是一个颠覆已有概念的天才。他可以在自己从事的所有事业里，针对一直认为是理所当然的事情提出"那么做是不是有问题啊？"的疑问，从而产生颠覆性的创意，不断创造新的价值。

此类的例子数不胜数，下表仅是其中的几个例子而已。

已有概念	⟺ 颠覆已有概念的西野式创意
艺人理应在电视上演出。如果做艺人以外的事情，就不应该到电视上演出	打破常规框架是艺人的本分。应该自由从事自己喜欢的事情
一个人画连环画是理所当然的事情。市场太小，无法雇人创作	像电影制作那样，采取集体创作的方式，可以创作出更好的作品；市场不够大，可以自己创造市场；筹集资金难，想办法筹集就是了
艺术家的工作是创作，当然不必做销售工作	如果不能用自己的手发送自己创作的作品，与"放养"没什么两样。负责将作品发送到购书人手里，是创作者理应做的工作
名人不会主动联系普通人，理应首先由普通人联系自己	自己主动通过推特联系普通人。不是采取1:N的方式，而是重复1:1的方式，取得大众的信赖

"颠覆已有概念，产生新的创意"正是创新思维模式，被称为"怀疑常识，打破前提"的思维方式。使西野先生成为创新者的因素中，绘画技艺和编写故事的创意固然很重要，但更重要的是在于他颠覆已有概念的特质。他的这些特质充满了魅力，引起了大家的注意，吸引了许多人参与其中。

看见西野先生的生存状态，我的内心也产生了疑问——西野先生的疑问到底是怎样产生的呢？

哪里呀！不过，对于我来说，我想还是从自己的活动中产生的。比如出书以后考虑出售时，我就会考虑现行的销售机制，思考是真的最适合卖我的书吗？不是在会议室里思考，而是亲自实践。真到了出书销售时才感到："喂！请等一下！要想在书店卖书，现在的确很难啊！"先走出一步再思考，然后再行动。不做就不会明白，踏出一步再说，先试一试吧！

只有行动起来才能产生创意。漫无计划也可以，行动起来再说。

从西野亮广先生那里学到的AI时代的工作方式

- 边行动边提出一系列疑问
- 非结构化的
- 提出假设　传达者
- 离奇想法　创新者
- 逻辑性　分析性　统计性
- 感性　身体性　直觉性
- 易被AI替代　操作机器者
- 受人爱戴、创造安心氛围　主持人
- 脱离舞台　艺人的工作
- 结构化的
- 舞台经历养成的感性和直觉

　　由创意产生的西野先生的行动中，逐步采用了SNS、众包、众筹等最新的科技或IT服务项目，并因此加速了个人的行动、实现了行动价值的最大化。在应用科技的过程中，出力流汗的事情是必不可少的。在连环画书上签名，将一本一本的书包扎好寄送出去，始终伴随着西野先生的努力和汗水，因此也换来了许许多多的"粉丝"。

　　他的这些工作，实际也是重复进行的相同工作，也许可以交给科技去做。但是，西野先生却认为："正因为如此，人们会高兴啊！"这也是他通过亲身体验感知的。在最大限度应用科技的同时，也要彻底追求人类应当做的事情。他这种绝妙的平衡感，也是促使我将西野先生作为"AI时代工作方式案例"介绍给各位读者的最大理由。

　　现实生活中，西野先生的工作创建方式、工作推进方式、生存方式，已经影响了许许多多的人。扩大自己的信用广度，与朋友通过众筹方式募集资金，很多人都在学习和应用西野先生的做法。在日本各地，正在陆续举办《烟囱之城》的个展。我认识的一位家庭主妇就是西野先生的"粉丝"，她积极宣传组织，举办西野先生的现场谈话活动。结果，许多人都来参加西野先生的现场谈话活动。引导人的能量在不断扩散，这也是只有人才能创造出来的价值。

　　西野先生的愿景是"打败沃尔特·迪士尼！"如果是普通人这么说，别人会说："那种事情，怎么可能呢？""说什么梦话呀！"等等。不过，由于是西野先生说的，我想也许是有可能实现的事情。向已有概念提出疑问，展示引导人们参与的愿景，积极应用科技，付出辛勤的汗水，广泛与人交流对话，以绝对的速度推进事业的发展。以上就是 AI 时代领导应有的状态和能力，这在第 3 章里已经讲过了。

到 2020 年之前，不知西野先生会走过怎样的进化旅程。不过，读完这本书后，强烈建议您作为"共犯者"参与其中。

案例 2：丸幸弘先生

一直在探求一个问题——人究竟是什么？

丸幸弘先生是日本异色研究者集团（Leave a nest）的董事长兼 CEO，1978 年生于神奈川，在东京大学大学院农学生命科学研究院修完博士课程，获得博士（农学）学位。在东京大学大学院学习时，于 2002 年 6 月，成立了日本异色研究者集团，成员全部由理工科大学生和大学院学生组成，是日本首家实现"尖端科学外出授课实验室"商业化的公司。目前，公司利用大学和地方闲置的经营资源和技术，经营孵化新事业的"知识制造业"，还通过收集知识的基础设施——"知识平台"，运作 200 多个项目。除了担任 2014 年在东京证券交易所一部（东京股市主板）上市的裸藻公司（Euglena）的技术顾问之外，还参与了制造解除孤独机器人的 Ory laboratory、日本首家大规模基因检查的 Genequest、开发下一代风力发电机的 Challenergy、调整肠内环境的 Metagen 等许多企业的创立工作，是一位极其活跃的创新者。

> 思考人究竟是什么？为什么而活？
> 这是留给人的工作和快乐。

"发呆"就是人的工作

丸幸弘先生本身就是研究人员，同时，他又在帮助研究人员将自己的创意和野心商业化。其中，一个有名的例子就是 Euglena 公司，这家公司利用裸藻制作膳食补充剂，创业之初就得到了丸幸弘先生的支持，现在已经在东京证券交易所一部上市。他促进了许多风险企业的成长，并且促成了大企业与风险企业的合作，俨然成了创新活动的中心。

对于这样一位创新家，我问了一个问题："在 AI 进化的过程中，要想提高自己的创意能力，应该怎样做呢？"丸幸弘先生是一个"变态的天才"，说出了许多让人瞠目结舌的回答，这里摘取一部分介绍给各位读者。

首先，提出了一个直截了当的问题："在 AI 时代，人做的工作是什么？"结果，他的回答让我惊讶不已。为了更具现场感，这里按对话的形式逐步展开。

就是发呆啊！今后是无形、无逻辑的东西才有意味的时

代。说话漫无边际、想到哪儿就说到哪儿，直觉和感性都是由个人产生的。那个……人们大多有种误解——在 AI 时代，只有那些可以想出绝顶创意的天才才能生存下去。实际上不是那样的，只有发呆的人才是最棒的，发呆与工作也是有关联的。

发呆？？为了提高自己的创意能力，发呆是第一重要的事情吗？

　　是的，如何利用徒劳的时间是头等重要的大事。随着 AI 的进化，减少最多的不是从事单纯工作的工人们的工作，而是律师或会计师之类高智商、高工资、长时间工作的"智能蓝领"的工作。

是啊！有些大脑的工作，是完全可以被计算机取代的呀！

　　在生物科学的世界里，也在发生同样的变化。以前，基因研究人员每天都在不分昼夜进行实验；后来，单纯简易的工作交给兼职人员去做，研究人员则专注于 DNA 解析，发挥研究人员的价值；如今，随着信息科学的进步，基因解析工作也可以交给兼职人员去做了；未来，一旦 AI 发达以后，我们的研究人员需要做什么呢？也就是说，"人究竟是什么？"到了应该给出答案的时候了，应该"发呆思考"这一本质性问题了。为此，日本异色研究者集团创立了人类诺姆研究所，专门研究"人究竟是什么？"这一重要课题。

我接触到的许多 AI 工程师，最终，都会追踪到"人究竟是什么？"这一课题，难道仅仅是为了思考的快乐吗？

　　人类总是愿意投入时间思考新的事物，日本异色研究者集团也是如此。"那个课题，怎么做才能完成呢？让我们一起研究吧！"这就是我们的工作方式。有了课题意味着有了问题（Q），然后激发出热情（P），团队就会合作完成共同的任务（M），最终，依靠团队的力量，实现创新（I）。

QPMI 是在 PDCA 管理循环[⊖]之前，日本异色研究者集团一贯倡导的由 0 到 1 的必要工作方式。

　　在勇者斗恶龙的游戏中，首先有了个人的目标课题，才可以到瑞达酒吧认识更多的朋友。在冒险过程中解决了课题以后，又会产生新的课题。有了课题就会激发出热情，就会产生生存的价值。今后的时代就是这样，怀有疑问的人才能引领社会进步。

　　问题和探索这两个词，原本都是来源于 Q。丸先生是集团的领导，作为研究人员和领导，大脑经常处于全速运转的状态。这样的人竟然提出"发呆就是工作"的说法，的确很有趣。那么，发呆真的能产生创意吗？

　　我告诉团队成员说："请边发呆边思考吧！"结果，5 个小时后有人告诉我说："丸先生，发呆时想出来了！这个……太有趣了！"即使您告诉他继续思考，人也是无法维持思考

　　⊖　该循环包括四个阶段：计划（Plan）、实施（Do）、检查（Check）和处理（Action）。——译者注

状态太久的。所以，如果告诉他说："发呆吧！"他真地会张开嘴发呆（笑）。在那个白黑之间模糊的灰色地带里，隐藏着创新。一味追求弄清白黑的思考方式，今后是会被打破的。新事物将全部产生于灰色地带。但是，AI 是不会了解其中的奥妙的。

那么，AI 为什么不懂灰色地带的事情呢？

对于灰色信息群进行分析整理的"综合理解"，机器是很难办到的。我为何今天要与藤田先生相会，AI 是无法理解的。因为之前见过一面？因为书名有趣？只是因为我有闲暇时间？因为从英国回来后正好有事儿要谈？这么多的可能，机器怎么可能理解得那么准确呢？这也证明了人生存在偶发性的环境之中，太有趣了！

的确，正因为生在偶发性的环境之中，我们的生活才充满了快乐！

顺便补充一句，如果一个人有无限多的钱，任何时候想吃什么就可以吃什么、任何时候都可以做自己喜欢做的事情，真的那样了，生活又有什么意思呢？

真的让我"发呆"（笑）。

这就是进化的最终过程、最终形态。人是可以发呆的生物。发呆、沉思、思考，这些才是让我高兴的事情。

听到这里，突然意识到自己也有同感——发呆是人的乐趣。

我已经完全被丸先生的人格魅力所吸引，采访还在继续。

引入 AI 以后，公司会怎样？

在 AI 不断进化的过程中，我们应当如何改变工作方式呢？

公司的概念也会发生改变。日本异色研究者集团约有 10 家公司，有的人是另一家公司的员工，却在与这家公司的员工一起工作，有的人甚至身份注册在多家公司。公司和员工的概念将会消失，公司将逐步转化为同一网络连接下的创新组织。维持着公司这一结构体也好，公司消失也好，大家都会生活得很好。

丸先生自己就已经在身体力行那样一种工作方式！

您说的是工作方式吗？对于我来说，原本就没有什么公司的概念。和人家说我在经营 40 家公司，人家会问我："您在哪家公司工作啊？"我回答说：哎呀！昨天还在英国吃鱼和薯条，今天却在日本异色研究者集团开讨论会，会后，一边吃饭一边还召开了基金管理会议，明天还要到大阪，做其他风险企业的工作。都是非常有趣的事情，自然格外卖力！

只是因为有趣，他的工作方式已经进化到这种程度了！不过，想想自己的状况，我也是那样啊！

我在哪家公司领取工资？这件事情如果 AI 能够解决就好了。我在哪家公司发挥了多少价值，日积月累起来，由 AI

自由分配、各家公司打入我的账户，真的希望是那样。但是，现在牵涉到会计处理、税务处理等因素，很麻烦，各家公司都拒绝，只能在日本异色研究者集团领取工资。当然，我的价值与工资报酬是不相等的。这种价值换算和会计机制应当更加自动化、AI化，否则，无法得到快乐，这样的工作方式是不行的。

那就是说：AI的进化会增加工作方式的选择机会吗？

如果AI能够做单纯性的业务，人就可以做别的工作。今天，负责处理我的经费的员工，与我发生了如下的对话："丸先生，做好了。""对不起！不想做这份工作了吗？""不是，能够做这份工作领取工资，非常感谢！""我也感谢您的工作，真的不愿意做了？是吗？"所以，真心希望AI能早日替代这份工作。那样的话，那位员工就可以做更具创造性的工作，有更多的时间去做自己感兴趣的事情。

不是夺走我们的工作，而是支持我们做自己喜欢的事情啊！日本异色研究者集团的AI应用工作，应该是取得了很大的进展吧？

最近，被称为"日本异色研究者集团大脑"的AI已经开始使用了，据说效果不错。还弹出了一个提示："该发奖金了！"昨天开董事会的时候成了大家议论的话题，大家逗笑说："我们做得真有那么好吗？"（笑）

连接全世界，开了大约一个半小时的创意会议，在这个会议上，东京的负责人说："这一周，嗯……东京方面可是什么也没做呀！"大家听后一顿爆笑！所说的"不发怒的公司"，的确是一件非常棒的事情。如果看一下数据，就会发现出乎意料的好。平均每个员工的销售额增长了1.1倍左右，团队整体的增长幅度远远高于这个数据，不发怒的效果已经反映到数据上了。

您在看哪方面的数据呢？

比如"交流流量"，大家通过相互交流，产生新的评论和想法，这些都可以通过数据反映出来。员工人数虽然增加不多，但是公司的销售额却在大幅度增长，说明团队的力量在增长。

您通过什么观察交流流量呢？

我们公司通过 Slack（公司内部使用的聊天工具）进行公司内部交流，并且设有测定流量的系统。输入销售队伍的销售额、行动量数据、交流流量等各种数据后，分析结果非常理想。虽然不是每天都在观察个人的行为，但是偶尔看一眼，就可以清楚地了解某个员工的工作热情如何。顺便说一句，连谁讨厌谁的事情也可以看得一清二楚。

关系不好的员工之间的流量会很少啊！对吗？

是的，不过，那也是可以理解的事情。所以，在建设日本异色研究者集团生态系统时，存在不喜欢的人是一个前提，被认为是很正常的事情。我的流量数据都是公开的，我愿意这样做。不过，工作是专业，不是愿意不愿意的事情。当然了，为什么一定要和自己讨厌的人一起做项目呢？有这种想法也是理所当然的事情，因为是人，自然可以有那样的感觉啊！

在其他公司，也有采用这种工作方式的吗？

好的工作方式来源于多样性，单一化的公司会出很多问题。目前，至少 Google 已经注意到了这个问题，认为不仅在搜索服务公司，包括自动驾驶以至机器人的所有公司，应当允许它们做所有的事情。所以，他们认为前边讲的另一个概念也是有必要的，因而成立了 Alphabet（Google 母公司）。开始只卖书的 Amazon，现在已经在做服务器和机器人（Amazon Echo）了。以后说不准还会成立飞机制造公司。

从相反角度考虑，只有那种公司才可以生存下去。只做一件事情的单一化公司，最终会被收购或并购。在这个过程中，只有那些员工人数逐渐减少、不断引入 AI 技术、具有多样化生态系统的公司，才可以生存下去。也许将会发生剧烈的重组过程！

日本的公司怎么样？

对于日本的公司来说，因为工作分工留有"灰色部分"，所以不太容易受到 AI 应用的影响。美国的公司就不一样了，公司会明确说："你的责任就是这些！"分工非常明确。这样，很容易形成工作单一化的部门，一个部门的工作很容易全部交给 AI 来做，也就很容易被 AI 所取代。

最近有一个新闻，说的是高盛公司总部，在 2000 年时有 600 人的基金经理团队，而到 2017 年 2 月，由于 AI 的应用，只剩下两个人了。

是的，只留下了两个人，其余全是 AI。今后，不能开发系统的人将被辞退。这在单一化的世界里，已经是我们看到的事实。

工作分工留有"灰色部分"，就像是在三垒手和游击手之间滚动的球一样，谁去捡起来都可以，没有明确规定必须由谁来捡，也是一种模糊文化。

是啊！捡起"灰色部分"的工作来做，不仅仅是文化，也是作为工作必须完成的事情。所以，说容易发生变化也好，日本公司的人事调动是比较频繁的。当公司撤销某项业务时，如果问道："愿意做别的业务的人请举手！"会有很多人举手，自愿调到其他业务部门。在日本，原本就有一种能力开发的想法，这也是日本人的一个优点。虽然得到的报酬没有那么高，员工们却积累了丰富的经验。

遇到撤销某项业务的情况，在美国的话，会毫无保留地全部砍掉，员工自然也就需要经常变换工作。如果是负责人事工作的人，到其他公司还是做人事工作，工资也会"嗖嗖"地成倍上涨。如果您在 P & G 负责人事工作，Google 会说：

"给您 2 倍的工资，请到 Google 来吧！"Apple 会说："给您 3 倍的工资，请到 Apple 来吧！"就是这样。虽然是工作中某一部分的专家，但是如果那部分被 AI 替代，原有的工作也就"砰"地一声消失得无影无踪了。

随着丸先生的娓娓道来，一幅未来大量应用 AI 以后公司或职场的工作场景展现在我们的眼前。

在日本异色研究者集团，已经通过掌握员工之间交流的流量，实现了员工间关系性资产的可视化。推进科技应用进程的基础包括两个方面：一是人应该做像人一样的工作；二是不要拘泥于公司和组织这一已有概念的束缚，丸先生特别重视这一观点。按照他的观点，所谓工作，不是被事情支配，而是安排事情。他的这种观点已经成为日本异色研究者集团全体员工的共有观点，成为所有员工的能量源泉。

从丸幸弘先生那里学到的 AI 时代的工作方式

实际工作中，很多人都怀有不安的情绪，担心 AI 引入到自己的工作中。那么，2020 年之前，我们应该怎样应对呢？

我首先想说的是：请冷静！不要被煽动。如果感到不安，一周安排一整天都不接触网络，自然就会安定下来，也会磨炼自己的感性。网上的所有东西，您可以认为都是被 AI 替代了的东西。网上无法出现的现实世界，仅仅是与孩子两眼相视的时间，都可以使您的感性世界变得更加丰富。

例如，可以与孩子做一次制作料理的游戏。不过，这个游戏的规则是不上网，不允许到菜谱网站——Cookpad查菜谱，而是去书店。买了料理书以后，随意打开一页，就做那页的料理，这里最重要的就是偶然性。做好以后，与孩子高高兴兴地大吃一顿，这样的事情会磨炼您的感性。

也就是说：如果对科技不安，索性离开科技！

那是磨炼感性的最好办法。在网上搜索一番以后才会确定到哪里去，如今这样的人很多吧？这样的人，已经完全被科技操控了。我们不能成为被操控者，而要成为操控者。

从丸幸弘先生那里学到的AI时代的工作方式

"发呆思考"人究竟是什么？

非结构化的

提出假设
传达者

离奇想法
创新者

逻辑性
分析性
统计性

感性
身体性
直觉性

易被AI替代
操作机器者

受人爱戴、创造安心氛围
主持人

结构化的

偶尔离开科技
回到人感性的率真状态

感性来源于人类原本具有的身体性，在今后的时代，是会产生价值的。不过，人类对自身具有的身体性和感性还不太了解，以后会逐步弄清楚吗？

人的身体是不断扩张的。自从出现了网络以后，因为通过网上搜索什么都可以搜到，完整记忆显得没有必要了。所以，大脑处理大量信息的能力也许有所进化，但捕捉感性的能力却衰退了。

例如，不用看计算机键盘就可以敲打按键的动作，就是身体机能的一种扩张。或许在不远的将来，我们也可以用肉眼看到灵气这种"气"了呢！那才是真正的身体扩张。提到眼睛的例子，您见过非洲人戴眼镜吗？

没见过，不过，非洲人的视力太神奇了，据说可以达到6.0啊！

如果他们来到东京会怎样呢？

视力会变坏。

如果回到非洲呢？

又会变好。

我们如果住在非洲，视力也会变好，因为视力不好就有可能遇到很多危险。我们的身体具有多样性，是具备变动幅度的。我们会敲打计算机键盘、会驾驶汽车。不过，一旦自动驾驶普及以后，会驾驶汽车的人能有多少啊？

当然会减少！

这就是身体扩张的逆向变动，身体经常处于发展与衰退的重复过程。人是生物，为何能够得到进化，很难下一个准确的定义。

人类只能与科技共同存在。科技不是我们的敌人，也不是我们的朋友，已经是我们固有的一部分了。科技是人类用自己的大脑编织出来的东西，AI 也是人类创造出来的东西。

丸先生虽然身处科技最尖端，有时却又有意识地完全离开科技。

是的，只有人类才能做到这两个方面。所以，我的研究题目就是"人究竟是什么？"人类诺姆研究所就是专门探索这个课题的。

AI 是人类创造出来的东西，只要应用好就可以了。菜刀也是人创造出来的，用它是可以伤人的。不过，通常是不会用它伤人的！人类如果用错了科技，就会向不幸的方向发展。但是，不必担心，只要深入理解"人究竟是什么？"这一问题，就一定会应用好 AI，造福人类。

身处科技的最尖端，偶尔又离开科技，不断思考"人究竟是什么？"而且，有时还会"发呆思考"。听取了丸先生的谈话，对于人类如何应对 AI 时代的新变化，有了更加清晰的认识。关于这方面的看法，将在最后的第 5 章进一步讲述。

案例 3：热田安武先生

探究身体性质和创意窍门

　　热田安武先生出生于爱知县，身份是捕蜂师、套捕猎师。幼小时就开始受到父亲及其狩猎友人的影响，继承了捕蜂、狩猎、捕鳗鱼、挖野山药等山野狩猎技能。现在以冈山县美作市山村附近的深山为据点，伴随着春来秋往、寒暑交替，以游玩于大自然中为最大的快乐，活得有滋有味。

因为有趣，才会去做！

技艺纯熟，就会有趣！

彻底弄清身体性质

　　冈山县有一位特别能干的猎师，年龄29岁。他猎获的是野猪、鳗鱼、野山药和大虎头蜂。将自己猎获的大自然食材发送给值得信赖的人们，从而获得相应的收入，以此为生。

　　初次与热田先生见面，是在冈山县西菜仓村。西菜仓村集中了来自日本各地的移民，他们自己创业，振兴该地区的各项事业，是一个名扬全日本的山村。2016 年 9 月，受到该村振兴活动负责人牧大介先生的邀请，与东京科技学习会的朋友一起访问了西菜仓村。虽然是只有 1500 人的小村子，但是全村人立志实现"百年森林构想"，建设森林、建设乡村，挑战美好梦想。

西菜仓村附近的深山是热田先生的猎场。修完了高知大学研究生院的课程以后，与妻子移居到妻子的老家——冈山县。热田先生的老家在爱知县新城市的大山里，4 岁开始拜父亲及其狩猎友人为师，深受山中生存技能的熏陶。由于自小受到"追蜂文化"的影响，最终还是被吸引到了狩猎的行当。

追蜂是山村里传承下来的一种传统文化。将丝带绑到蜜蜂的身上，然后追寻找到山中的蜂巢，真是一件特别快乐的事情。追蜂游走于山野之中的跃动感、幼蜂的美味、充分享受秋季的快乐，使我无法摆脱追蜂的诱惑。

大虎头蜂是世界上最大、毒性最强的蜜蜂，是日本极为稀有的一种蜜蜂。幼蜂和成虫是价值极高的食材，追蜂也就成了一项珍贵的工作。

捕获发育良好蜂巢的时间较短，一年只有 50 天左右。所以，如果不能保证稳定的捕获量，是无法维持生计的。很幸运的是遇见了技能高超的师傅们，才有了我的今天。4 岁开始就被带去追蜂，曾经被蜜蜂蜇过 40 多次，当然了，现在是不会被蜜蜂蜇了。

请看上面热田安武先生的照片吧！要悄悄靠近这样大的蜜蜂，瞬间将丝带绑到蜜蜂的身上。真是一门让人惊愕的技能，要做到神不知鬼不觉地将丝带绑到为了采集树液而集中到一起的蜜蜂身上。蜜蜂是要飞回蜂巢的，追蜂师需要爬到大树上，以蜜蜂身上的丝带为标记，确认蜜蜂飞回的地点。但是，靠一次观察是无法确认蜂巢的位置的，还要再次爬到大树上，观察从蜂巢飞回树液处的蜜蜂，确定大致的方向、预测蜂巢的具体位置，然后徒步找到蜂巢处。距离远的，直线距离甚至达到 2 千米。

为什么需要经过这么繁琐的过程才能确认蜂巢的位置呢？原来，大虎头蜂的蜂巢筑在地下，在地面上走动，通常是难以发现的。只好将丝带绑到蜜蜂身上，观察确定蜂巢的位置，这也是追蜂师的独门绝技。

不过，难道就不怕被大虎头蜂蜇伤吗？对于我的疑问，热田先生回答我说：

> 在接近极限的近距离处与生物对峙，使我明白了一些道理。
>
> 例如，大虎头蜂在攻击对手之前，大多会发出"嘎吱嘎吱"的响声，以示威慑。通常情况下，响声之后就会飞来蜇伤对手，它的进攻是有顺序的。所以，通过亲身体验感知大虎头蜂发怒的距离，清楚大虎头蜂的威慑状况，就能及时做出正确的应对行动，避免被大虎头蜂蜇伤。这些都是大虎头蜂教会我的。如果没有亲自与大虎头蜂对峙的经历，是不可能明白的。

通过自己的亲身感觉学习，这也是人的身体性发挥至极致后得到的收获，是无法规则化的一种学习。

初次见面，听了他的这些介绍，使我产生了一个疑问。对于深得科技便利的我来说，也是自然产生的疑问。

我问："热田先生，丝带上安装 GPS 不行吗？如此一来，即使不爬到树上，不是也可以简单地发现蜂巢的准确位置了吗？"

结果，热田先生目不转睛地盯着我的眼睛回答道："那样做，有意思吗？"

的确是那样，科技带来的便利，也许正在夺走人的生活乐趣。

看到我仿佛头部受到"砰"的一击的样子，热田先生微笑着说道："我说的有点儿狂妄自大，请谅解！这个工作难度很大，需要拼命努力才行。不过，正因为如此，才充满了快乐啊！如果能够认真地做一件快乐的事情，技术自然就会提高。否则，就会变得毫无乐趣了。如果不是亲身体验，恐怕不可能理解其中的奥妙。"

是的，很多事情就是这样，不亲身体验是无法了解其中的道理的。说到工作方式，不是通过虚拟现实，而是依赖身体感觉亲自品味，或许会得到一些启示。热田先生或许也是这么想的，对不断深入提问的我说："请您一定和我一起到山里，亲自体验一下狩猎过程。"

在日常体验中学习，锤炼创意能力

当时已是冬季，很遗憾的是追蜂的季节已经结束，决定同行参加热田先生的野猪狩猎行动。为了这天的行动，热田先生事先下好了野猪套。狩猎之前，热田先生给我看了装在轻型卡车车厢上的各种工具。他指着野猪套说："这也是猎师的技能之一，是用材料工具综合商店买到的材料做的。制作圈套是需要技巧的，光看照片很难学会。"说这话的时候，热田先生的脸上充满了快乐的笑容。

乘坐轻型卡车走了 40 分钟，热田先生突然停下了车，凝视毫无异样的田地。他说："这是野猪为了吃蚯蚓而反复拱掘的痕迹，是从山坡上下来的。"

不知何时，他已经完全变成猎师的神态。他走下车，穿着长靴走进大山，以超人的速度在大山的斜坡上上行或下行，他的全身肌肉在跃动。看着他的样子，使我想起了人原本具有的天性！

"大山是工作场所，也是训练场所、游戏场所。"一边说，一边给我示范了爬树技法、砍树技法和下坡技法。如果让小孩子们看到的话，毫无疑问会觉得是特别好玩的"游戏演示会"。

那天，下套的地方有 5 处。不过，第 1 个套没有套上。他仔细观察着套的周围，似乎在考虑什么。

套猎是与野猪比智慧的游戏。为什么没有套上，怎么做才能套上，每天都要独自思考这些问题。几乎所有的猎师都认为套猎野猪远比套猎鹿难度大。经过这些年的努力，我终于感到套猎野猪并没有那么难。我有一颗超出常人的探求心，我毫不在意独自行走在山中之苦，十分喜欢猎获野猪的工作，这正是我一直不懈努力追求的。

从热田安武先生那里学到的 AI 时代的工作方式

假说和验证，由此产生新的疑问。在我这个外行看来，似乎每天都在重复相同的事情。不过，在这个过程中，是否具有疑问是至关重要的事情。无论什么工作，本质都是相同的。

无论位置信息怎样准确，最终对于下套地点的确认，还是需要人来做决定。为此，需要不断提高自己的技术水平。

另一个重要的因素是身体感觉。对于我来说，即使没有指南针和 GPS，也可以依赖自己的方向感觉确认位置。所以，看见眼前的山形，大脑里就可以自然形成具体的地理景象。动物都具有这种方向感觉，人自然也可以。

从热田安武先生那里学到的AI时代的工作方式

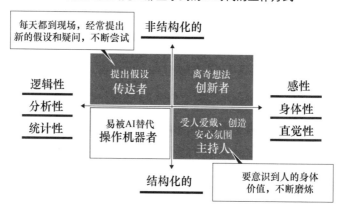

科技在不断进化，主人却是我们人类自己。我们既可以成为无法离开科技生活的人，也可以像热田先生那样磨炼自己的身体感觉，成为离开科技也可以照常生存的人。要求所有的人都磨炼到热田先生的水平，恐怕是不可能的。但是，我产生了一个疑问："我们究竟在多大程度上相信自己的身体价值？"

狩猎在继续，太阳却要落山了。这天下套的最后一个地方，在平时从不下套的深山里。正在攀登很陡斜坡的热田先生说："好像是套上了！"

我的心跳陡然加速，进入视线的是一头巨大的雌性野猪。

热田先生说："请不要再走近了，真的很危险！"我在离野猪20米的地方等待观察。热田先生走近野猪，确认套线的圈套状况。看见他走近，野猪发出巨大的声音，以示愤怒。返回来取工具的热田先生说："现在开始，不能有一点的疏忽，每每到了这个瞬间，都会感到恐怖。"热田先生一边平息自己的呼吸，一边定睛看着猎物。然后，确定开始行动，拿起工具，再一次走近野猪。所谓工具，不是枪。他是不用枪杀死猎物的猎师。他的工具是在现场准备的，橡树细木前端有一个自己手工制作的电线圈。他将电线圈瞬间缠住野猪的鼻子，动作极快，然后将另一端绑到就近的树上，以限制野猪的行动。

我在远离野猪的地方观看热田先生的行动，只见他边计算距离边接近野猪，有时接近有时又离开，野猪的双眼紧盯着热田先生。看见上述情景，我突然想到了武士一决胜负的决斗场景。也就在这瞬间，电线圈套住了野猪的鼻子，野猪虽然暴怒，却又无法随意乱动。热田先生确认野猪动弹不得以后，拿起类似长铁榔头的工具，走近了野猪。

如果电线圈脱离了野猪的鼻子，如果一下子打不死野猪，结局将会怎样？面对眼前的现实，我的心脏在激烈跳动。说时迟那时快，只见热田先生举起手中的工具，对准野猪的脑门奋力一击，野猪应声倒下，结束了生命。

> 我绝不是因为乐于杀戮才做这个事情的。虽然也有捕获猎物的喜悦，但是剥夺生命绝对不是一件快乐的事情。所以，杀死野猪以后，常常会抚摸野猪的身体，内心里默默地述说自己的感情。之后，为了不降低食材的价值，要立即放掉野猪体内的血液，集中精神剥掉野猪皮，细心地分割成肉块，分别送给真心希望得到"热田屋"肉的各位顾客。

经过狩猎时的身体感觉，现在终于理解了狩猎前采访时热田先生所说的话，真的有了同感。所以，体验是一件十分必要的事情。

在与热田先生穿行于山林之间、一同狩猎的过程中，我明白了两个道理：一是看似每天都在重复相同的工作，也可以不断提出新的疑问；二是如果不亲身体验，是无法真正明白的。

热田先生每天都要行走在大山之中，观察猎物的动向，在合适的地点下套。他的工作也可以看作是重复相同的事情。但是，热田先生却不是那样的，他不断提出疑问，不断重复假说和验证过程，提高自己的技艺水准。单靠数据是无法理解体验知识的，热田先生却在日积月累、不断丰富自己的体验知识。

从热田安武先生那里学到的工作的价值

通过与热田先生交谈、同行体验狩猎，使我对工作的价值有了新的认识。对于生活在 AI 时代的我们来说，一定会有很大的启发，请您一定要边思考边阅读，探索人生和工作的意义。

热田先生原本就从内心里喜欢追蜂工作，独自工作和生活在大山里。但是，几年前，单靠追蜂是无法维持生活的。后来，当地人告诉他："鹿害非常严重，能不能猎杀鹿，给我们解除危害。"

凭着多年练就的身体感觉、从师傅们那里继承下来的技能、熟悉猎物习性的创意技巧，热田先生持续捕杀了不少的鹿。不过，他的内心里逐渐产生了一种痛苦的感觉。

　　原来，每次杀死鹿的时候，鹿都会显露出害怕的表情，那一时刻，内心真的难以忍受。人与鹿相比，是绝对的强者。所以，猎杀鹿相对比较容易。而且，为了抑制野兽危害，政府还会给予补贴，肉也可以销售。从工作角度考虑，的确是容易赚钱的生意，可自己内心的痛苦却在不断累积。最终，还是减少了每天都要进行的猎鹿次数。

　　与鹿相比，野猪则要拼上性命、一刻也不能疏忽、还要毫不犹豫地即时杀死。否则，很容易赔上自己的性命。但是，正因为如此，必须全身心与对手斗智斗勇。这使我感到了乐趣，内心也有一种宽慰感。所以，现在主要的狩猎工作是猎捕野猪。

　　鹿、野猪、大虎头蜂，虽然都是相同的捕猎，但是难度却是不同的。通常，难度高的工作理应收入也高，没想到最容易赚钱的事情却是最简单的猎鹿工作。不过，"由于无法承受杀鹿时内心的痛苦，不想继续干下去了。"听到他这样说，我忽然有一个想法："由于猎杀鹿可以得到政府的奖金，是不是可以与内心的痛苦有一种交换。"实际上事实也是如此，我这样说不知道正确与否。

　　不过，现实生活中，作为与"容易赚钱的事情"进行的一种交换，我们在牺牲着自己非常重要的东西，如时间、自由、感情等。

　　每天工作 8 小时赚取工资，这是与时间进行的交换；受雇于人获得稳定的收入，这是与自由进行的交换；虽然每天重复相同的事情感到厌烦，为了收入不得不做，这是与感情进行的交换。

从热田安武先生那里学到的工作价值

高

狩猎的难易度

可以得到奖金+肉可以销售。但内心很痛苦

拼上性命的狩猎正因为如此，才感受到工作的价值

大虎头蜂

野猪

真的很难+单靠追蜂，连饭都吃不上。但是，因为快乐而做

鹿

低

容易赚到钱　　赚钱的难易度　　不容易赚到钱　高

　　热田先生觉察到了自己的感情，作为与内心痛苦的一种交换，减少了捕杀鹿的次数；捕杀野猪虽然难度大、充满危险，但内心

喜欢，成为他的主要狩猎工作。另外，通过自己在山中的亲身体验，专心于圈套工具和下套地点的创意技巧，提高狩猎的成功率，使这项狩猎工作进化到"有意义有钱赚"的程度。在此基础上，继续怀着一颗童心，不断挑战充满乐趣的追蜂工作。

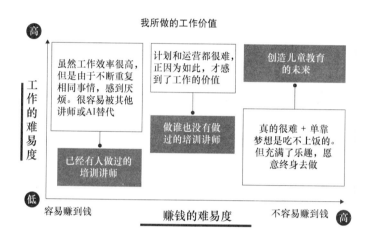

我所做的工作价值

喜欢，成为他的主要狩猎工作。

作为培训讲师的我，也有着同样的经历。对于讲师来说，如果是已经做过的培训项目，操作起来简单，也容易赚到钱，这是事实。

但是，不断重复相同的事情，我的内心也会感觉到厌烦。所以，愿意挑战新的培训项目，比如"AI×工作方式"。不过，由于题目过于新颖，客户没有形成印象，接受有难度，自然也就不好赚钱了。而且，对于自己也是一项难度很大的挑战，运营也不容易。不过，正因为如此，才充满了乐趣。好在坚持不懈努力的结果，项目不久也趋于成熟，经营也有了起色。因此，可以投入自己全身的精力，集中做这项"快乐而又赚钱"的工作。

话虽如此，我最想做的事情是"创造儿童教育的未来"。作为三个孩子的父亲，也是我愿意终身从事的课题。但是，单靠这个项目是吃不上饭的。可我还是想继续努力做下去，原因很简单——因为快乐！

这里，真心希望您也能参考下图，认真思考工作的价值。

• 哪项工作是效率高、却要牺牲自己感情的工作？自己正在牺牲的是什么？

• 虽然比现在的工作难度大，但是却能感觉到工作价值、还具有赚钱可能性的工作是什么？为了使这项工作能够成为养家糊口的项目，现在必须做的事情是什么？

• 不是为了赚钱，而是自己内心特别喜欢做的工作是什么？如果持续追求这项工作的话，是否能使自己享受到人生的幸福感觉。

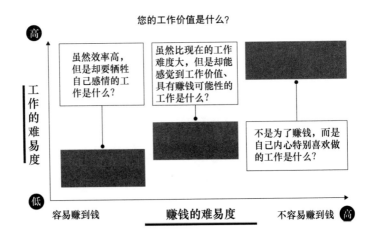

我想，不断思考上述三个问题，就是 AI 时代的工作价值。

我们牺牲自己的感情所从事的工作，不知哪一天也许会被 AI 所替代。因此，我们必须经常思考上述三个问题。

例如，尽管谁都不愿意干，有些工作也还是需要有人来做，如保护山林、为了维持自然和人类的和协关系而进行的猎鹿的工作等。猎鹿涉及人的感情纠葛，采用科技的价值大增。讲师的工作也是如此，如果每次都是相同的培训内容，学习了培训内容的 AI 或机器人就完全有可能代替人。

收费方认为容易赚钱的事情，付费方就会认为成本过高。这样的话，与其让人做，还不如让 AI 做成本更低。另外，既然有的工作人不愿意做，让 AI 去做不是更好吗？

我曾问过热田先生："追蜂工作为何不用 GPS 呢？"他回答说："那样也许便利了，可又有什么意思呢？"通过上述对话，使我产生了一个想法：如果科技不是剥夺人们的工作，而是代替人们去做那些痛苦的工作，不是很有意义吗？

之所以鹿这么多，与过去的人类活动也是有关系的。鹿为了获取更好的食物，本能地下山到村里。这时为了减轻鹿的危害，采用 AI 或机器人提高捕获效率的想法，我认为是不太合适的。

人类还是应该守护原本的生存方式和规则。既然是天生的对手，如果简单地依赖技术以达到结果优先的目的，搞不好会招致无法挽回的不良局面。即使存在简单的驱除方法，对环境会带来怎样的影响？是否沿袭了人类原本的生存方式？都需要考虑清楚后再做决定。

对于鹿和野猪来说，我就是天敌，一个每天都生活在山中的猎师。充分学习了动物们的习性、采用合理的捕获技术、施加给动物们适度的捕获压力。如果每个村各有一位我这样的猎师，动物们与村里生活的人们，或许能够达成某种和谐状态。所以，我想发挥长年练就的技术，培养新的猎师。这个项目也已经逐步开始启动了，我想承担起自己应尽的职责。

听了热田先生的论述，也发现了自己过于简单地依赖科技的一面。21 世纪不仅是需要科技与人类的合作，也需要自然与人类的合作，我们必须认真思考应对。人类能够做的事情，真是太多太多了！

第 5 章

彻底探究人类的强项

科技在进步，人类也在进化。生活在 AI 时代，我们必须彻底探究人类的强项，弄清人类到底强在哪里？我每天都在思考这个问题，您是怎样思考的呢？

与科技相伴，同时，还要远离科技去生活

至此，本书反复强调的观点是：在 AI 时代，最为重要的是不要把 AI 当作与我们自己毫无相关的事情，要逐步经历了解、使用、创造的 AI 三步骤，使其渐渐接近自己，融入自己的生活。

但是，这里还要提出与以往观点相矛盾的想法，供读者思考。

对于生活在 AI 时代的我们来说，既要与科技相伴，同时又要远离科技去生活。能够同时做两个相反方向的事情，是人类的强

项，也是十分有趣的事情。

同时做两个相反方向的事情，乍一看似乎毫无道理。

但是，如果观察下图，从两个坐标轴方向考虑问题，感觉应该还是可行的。虽然可以分清黑白、确认正解，但是结局却可能失去了趣味。认为每一方都很重要的思考方式，恰好是人类的乐趣所在。

就像前面介绍的三个案例人物的情形：如同西野先生那样，有时也会一个人独自绘画，离开科技的影响；如同丸先生那样，有时也会 24 小时关闭网络，只是发呆；如同热田先生那样，创造置身于大自然的时间，远离世间的烦恼。

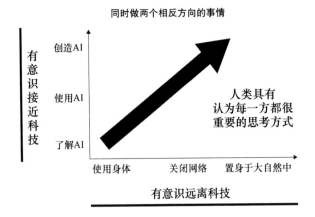

大部分人恐怕不可能一下子达到上述三人的水准。不过，我们可以开始行动，逐渐接近他们的水准。

现在，我住在爱知县的乡村，抚养孩子。同时，这一年半以来，每周都要参加学习会，学习最前沿的科技，行走在了解、使用、创造 AI 的三大步骤上。正因为在做接触和远离科技两方面的事情，才会有新的发现和认识。

即使是身在都市，也可以离开网络，哪怕只是"发呆走步"。"正因为生活在都市之中，更有必要接触大自然。"我的很多朋友都怀有这种想法。他们或到离新宿 40 分钟路程的森林里参加磨炼感性的培训，或者找地方与马相处，学习非语言交流。

在倡导工作方式的多样性、提高工作自由度的今天，虽然身处都市之中，但是也有许多可以远离科技、仔细认识自我的场所。让我们在接触科技的同时，偶尔到远离科技的地方，体验另一种感受吧！请马上行动起来！

相信自己脑中闪现的直觉

如今，我们生活在过渡期。不知何时，AI 也许会变得比我们更聪明。不过，短时间内是不可能的。对于生活在过渡期的我们来说，逻辑思维还是非常重要的。

但是，在 AI 时代，单靠逻辑是无法生存的。关于这一点，本书已经做了反复论述。人类是具有直觉能力的动物。

"自己本来不明白的事情，不知为何猛然就明白了。""当自己意识到的时候，已经决定那么做了。"这类突然涌上来的直觉，与逻辑同样重要，千万不要忽视它的价值。

20多岁时，我在东京市中心的风险公司上班，每天都要工作到很晚。那时候，完全把感情撇到一边，只是一味地追求"正解"。在这个过程中，渐渐感觉到了疲惫。

就在那时，有一次出差到名古屋，难得地住在了妻子的老家——爱知县。当时是6月份，房子周围全是灌满了水的水田，一片乡村风光。晚上躺在床上，周围传来青蛙"呱呱"的叫声，声音吵闹，让人无法入眠。

突然某个瞬间，脑子里涌上来一个想法："如果能生活在这里，将会多么幸福啊！"这个念头完全像电击似的，瞬间贯穿全身，我立即做出了"从东京毕业"的决断。也不知道搬到这里后工作是否会顺利开展，只是凭着一种直觉——"一定会诸事顺利！"

算起来已经过了11年了。2007年创立"幸福工作研究所"以来，也已经有10个年头了。那么，我当时的直觉正确与否？这是谁也无法回答的事情。我想，我们能够做的，就是跟随直觉行动！

2015年，当听到"AI正在急速进化"的说法时，我的脑子里又一次涌上来一个新的想法："现如今的工作和工作方式肯定会发生巨大的变化！"然后，跟随自己的直觉开始了AI知识的学习，结果沉迷其中，无法自拔。这个直觉和自己的思考，推动我写出了本书（2017年）。

产生直觉的背后理由是什么？过后想起来，似乎有很多理由，我认为最为重要的还是直觉，它超出各种理由优先存在。

现在，您的内心里正在涌现怎样的直觉呢？

人是有意识的，应该如何培养自己的意识

某 AI 风险企业的经营者，用通俗易懂的语言给我讲解了 AI 与人类的区别。

他说："把数据交给 AI 后，AI 会囫囵吞枣地把它吃下去，不会考虑为什么要把资料给我之类的理由，只是囫囵吞枣地吃下去学习。但是，人类就不一样了，他会考虑为什么让我学习、为什么告诉我之类的问题。结果，人类有时会选择拒绝学习。假如有一天 AI 开始考虑学习理由的话，就可以说 AI 真的变聪明了。同时，AI 也变得无法控制了。"

AI 不考虑学习理由，人类却会很自然地考虑学习理由。人类具有的这种能力，本书称为"提出疑问的能力"。提出疑问，我想这就是只有人类具有的"意识"。

我有三个孩子，中间的是儿子，如果告诉他说："这样做更好啊！"他会反问我："为什么呀？"不会按照我说的去做。我又引导他说："为什么不这样做呢？"他却回答说："讨厌！"依然按照自己的方法去做。这也可以看成是"反抗"。实际上，我也会常常发怒，大声说："为何不按我说的做！"这也正是我所具有的意识

的一种表现。

"讨厌！"这句话表现出来的感情也好，不按照我说的去做的反抗行为也好，都是人类所具有的意识的表现。

孩子也好，下属也好，如果都能按照自己所说的学习和行动，也许心情会很愉快。不过，那就不是人类，而是 AI 或机器人了，您真心希望把他们培养成那样的人吗？

培养具有意识的人的工作，是只有具有意识的人才能做好的工作。

人不会囫囵吞枣地吃下别人给的东西、会提出疑问、会用自己的头脑思考。另一方面，还具有坦然接受别人指教的一面。虽然似乎是完全相反的特性，人类却能同样珍视、合理对待。

坦率的人，会受到别人的爱戴和支持；擅于思考的人，会受到别人的信赖。怎样开展儿童培养以扩展人类的强项？如何做好人的培养工作？这些都是我们生活在 AI 时代的人们应当思考和行动的工作。

科技使人了解了单靠自己所无法了解的事情

在本书"前言"部分说过，现在，每个人的快乐和便利，来源于别人的辛苦和不便。在 Amazon 订购的商品，第 2 天就会送到，这不仅是由于 Amazon 具有先进的科技，还因为负责配送的运输公司付出了辛勤的汗水。

但是，2017 年 3 月，日本大和运输公司宣布将控制货物运输总量。他们的负荷已经达到了人所能承受的极限。

所以，将一部分负荷交给 AI 或机器人承担，是非常有必要的。在大和运输公司，已经设立了自动确定重新配送时间的 AI 服务项目。通过 LINE 的朋友搜索，搜索"大和运输"就可以找到该项服务，任何人都可以免费使用。

如果大家都使用该项服务，就可以减轻负责重新配送司机的辛劳和压力。这也是科技能够帮助人类的重要作用。

大和运输公司的 LINE 服务特别便利，可以事先联系告知货物送达时间。如果您认为那个时间可能不在收货地点，可以当场通过聊天回信来变更送货时间。

以前，发现收货人不在后，可以通过打电话委托运输公司重新配送。我遇到这种情况后，因为感觉跟随声音指引按电话键太麻烦了，不会打电话联系，只是等待再次配送，等于把自己的工作扔给了配送司机。只需打一次电话，就可以让对方很便利，可我却为了自己的舒适，选择了把工作扔给对方。

总体说来，人有极其麻烦的一面，谁都多少会有厚脸皮的时候。所以，为了改变世间生活，有必要开发出新的科技，使得那些十分麻烦的人也能很便利地使用。大和运输公司的 LINE 聊天室就是一个非常实用的科技产品。

今后，让我们了解这项服务、使用这项服务吧！

使用的人多起来以后，数据会越积越多，学习了大量数据的聊天室也会变得越来越聪明，我们用起来也会越来越便利。让我们越来越便利的新的科技服务项目，已经有很多了，也给我们的生活带来了许多快乐。

那么，使用这些服务时，人应该做些什么呢？

将商品送到我家的大和运输公司的司机先生，总是带着一副爽朗的笑容，让我十分愉悦。所以，对于重新送货前来的司机先生，我们所能做的应该是：微笑着说声"谢谢！"或者"您辛苦了！"

正因为我们享受了许多科技服务，使得我们对只有人能做的事情有了更加深入的了解。我们现在正是生活在这样的时代。

如果 AI 什么都能做的时代到来，世界将会怎样？

如果机器人将那些极其繁琐的事情都承担起来，我们的生活一定会变得十分便利。

但是，即使是到了 AI 能够承担起所有事情的时代，人类也一定会做其他不同的事情。

或许会从事农业生产，或许会从事志愿者的工作，或许会认真学习舞蹈、把舞跳得更好，或许会热衷于自己喜欢的某项事情。

为什么会这样呢？答案很简单：因为我们是人。

也许这就是我们未来人类生活的景象，反过来说，或许是我们曾经有过的人类生活景象。人要像人一样地生活，为了让我们实现这个目标，AI 应运而生。我始终坚信 AI 是为了帮助我们人类而诞生的，希望最终也是这样。

后　记

本书是面向 2020 年写作的图书。说实话，当初编写本书时，原本是想面向 2025 年写作。但是，与其面向 10 年以后的未来说那些朦朦胧胧的话，还不如脚踏实地努力思考 2～3 年内可能发生的事情。因而将本书书名定为《2020 年人工智能时代：我们幸福的工作方式》。

10 年之后的事情，谁都说不清楚。坦率地说，如今这个时代，就连 2～3 年以后的事情也是无法预测的。尽管如此，还是挑战了这个难题、努力思考得具体合理一些，以供参考。所以，如果您读了本书以后能够有个印象，思考"今后应该怎样做呢？"这一课题，也就实现了写作本书的目的，我将十分高兴。

讲演时，有人提出了下面的问题：

"按照藤野先生的说法，机器人是没有感情的，我们人类是有感情的，感情交流是非常重要的事情。但是，如果有一天 AI 也变得能够理解感情的话，人类岂不是连感情这个强项也失去了吗？"

对于这个问题，我回答说："的确是那样。不过，2020 年之前还是不太可能的。所以，面向 2020 年，我们还是应该十分珍视感情的价值。"

不知哪一天，也许机器人也会变得具有感情。即使到了那一天，我想也不意味着人类就要抛弃感情。这与计算一样，虽然 AI

擅于计算，但是人类还是在计算，并没有完全停止计算。

到了任何时候，可供的选择都是很多的；到了任何时候，人类都可以自由地决定自己的事情。我们大家，谁都具有自己自由的意志。站在 2017 年的时点，上述观点就是我的想法。

那么，到了 2025 年，会变得怎样呢？待能够看清 2020 年 AI 的进化程度以后，我想再继续写《2025 年人工智能时代：我们幸福的工作方式》。

当我写作本书时，最想感谢的是汤川鹤章先生为首的 TheWave 汤川塾的各位朋友和登台演讲的各位讲师。我曾经是科技的门外汉，能够写出这种书，完全是由于充满刺激而又相当宽松的 TheWave 汤川塾。身为汤川塾讲师、AI 工程师的远藤太郎先生，从技术角度给我提出了许多建言，在此深表感谢！

另外，对于百忙之中愉快接受采访的西野亮广先生、丸幸弘先生、热田安武先生、专门写来推荐评论的田久保善彦先生，表示衷心的感谢！

这是我写作出版的第一本书。对于帮助我出版本书的神吉出版社的各位老师，一并表示感谢！

最后，对于一直以来，以至于今后也将继续支持我的朋友、恩师、各位客户、家属成员，送上真挚的谢意！

藤野贵教